思想变为行动 Ⅱ

——MEAP 在煤矿安全管理中的运用与实践

《思想变为行动》编委会　编

东北大学出版社
·沈　阳·

图书在版编目（CIP）数据

思想变为行动. Ⅱ，MEAP在煤矿安全管理中的运用与实践 /《思想变为行动》编委会编. — 沈阳：东北大学出版社，2020.12

ISBN 978-7-5517-2614-6

Ⅰ. ①思… Ⅱ. ①思… Ⅲ. ①煤矿－矿山安全－安全管理 Ⅳ. ①X931②TD7

中国版本图书馆CIP数据核字(2020)第261065号

出 版 者：东北大学出版社
地址：沈阳市和平区文化路三号巷11号
邮编：110819
电话：024－83683655(总编室) 83687331(营销部)
传真：024－83687332(总编室) 83680180(营销部)
网址：http://www.neupress.com
E-mail：neuph@neupress.com
印 刷 者：沈阳市第二市政建设工程公司印刷厂
发 行 者：东北大学出版社
幅面尺寸：170 mm×240 mm
印　　张：15.25
字　　数：266千字
出版时间：2020年12月第1版
印刷时间：2020年12月第1次印刷
组稿编辑：郭爱民
责任编辑：邱　静
责任校对：项　阳
封面设计：潘正一
责任出版：唐敏志

ISBN 978-7-5517-2614-6　　定　价：70.00元

《思想变为行动》编委会

序

——煤矿安全文化理念的升华

习近平总书记指出：文化自信是更基础、更广泛、更深厚的自信，是更基本、更深沉、更持久的力量。

文化如水。好比一栋大楼，所有的砂石、水泥、钢筋原料，都是借助水来实现融合凝固的。变成钢筋混凝土之后，水看不见了。在融合的过程中水是介质，融合完成后水就变成这个建筑物的气质了。水在有形和无形之间实现升华。大象无形，大音希声！这正是文化的魅力所在。

有历史的企业有文化，有文化的企业有未来。开展煤矿安全文化建设，就是要把文化的这种神秘力量内化到企业及员工内心之中，成为一种内心的修养，成为一种无须提醒的自觉。用文化铸魂，打造本质安全型矿山，是煤矿企业长期而重要的任务。

多年来，许多煤矿企业在安全文化建设的实践中，与时俱进、不断创新，确立了“生命无价、安全为天”“珍惜生命、珍爱健康”“崇尚安全、敬畏生命、行为规范、自主保安”“从零开始、向零奋斗，赢在标准、胜在执行，超越安全抓安全”等安全理念，安全目标“从零死亡向无伤害”提升，安全行为“从要我安全向我要安全”转变，安全氛围“从全过程向立体化”拓展，安全文化建设的意识不断增强、质量逐渐提升。

随着安全文化建设的不断深入，煤矿企业越来越关注由职工队伍文化素质局限、社会多方面压力以及人的心智模式的缺陷所带来的员工的心理健康问题，并且从心理健康入手，学习引进国内外各类先进的管理理论和管理模式，不断丰富和拓展安全文化的内涵。

我在山西煤监局工作期间，一直比较关注各大煤炭企业的安全文化建设，当时就知道潞安集团所属的常村煤矿秉承“安全管理从心开始”理念，建立安全心理咨询中心，配备心理辅导和咨询专业人员，为职工心理“号脉”“体检”“诊疗”，创造安全的心理环境、良好的心智模式。经过多年的实践，探索出应用安全心理学，促进人的本质安全的新路径。在2019年12月3日召开的山西煤矿安全文化建设工作推进会上，我专门表扬了常村煤矿“由身体安全向心理安全”的做法。

2020年初，我已被调到华北科技学院工作。10月下旬，收到常村煤矿马晋红同志寄来的《思想变为行动Ⅱ》书稿，读之如沐春风，若饮甘泉。我们常说，思想是行动的先导。常村煤矿进一步提出“把思想变为行动”，从“心”开始，向“心”用力，探索出一套系统的心智培育模式，这是煤矿企业安全文化建设的一种新体验、新升华。

先睹为快，欣然命笔，是为序。

前　言

习近平总书记指出："安全生产必须警钟长鸣、常抓不懈，丝毫放松不得，否则就会给国家和人民带来不可挽回的损失。"放眼煤矿企业，影响安全生产的因素很多，其中人的因素是关键。人员配备、机械选用、物料管理、环境改造、生产实施，都是人来决定的，所以在本质安全型矿井建设过程中，人的本质安全建设最为重要，也最为艰巨。这是所有煤矿企业必须高度重视和着力解决的难题。

山西潞安矿业（集团）有限责任公司作为全国唯一一家19年蝉联"安康杯"竞赛优胜单位的企业，始终秉承"安全管理从心开始"的理念，高度重视人本安全建设。特别是其下属的常村煤矿，早在2012年就提出了"创造安全的心理环境、良好的心智模式"的发展要求，并在全矿开展了"把思想变为行动——MEAP在煤矿安全管理中的应用"的活动。为了切实做好这项工作，常村煤矿专门成立了以矿长和矿党委书记为首的煤矿安全心理咨询工作机构，设立了安全心理咨询中心，配备了心理辅导和咨询的专业人员。经过八年工作实践，常村煤矿探索出了应用安全心理学加强煤矿安全管理工作新举措，即"煤矿员工援助计划（Mining Employee Assistance Program，MEAP）"，是国内率先全面实施MEAP的煤矿企业之一。MEAP为常村煤矿安全、稳定、高效地生产提供了强有力的人文基础和工作支持。

观水有术，必观其澜。作为实施MEAP的发动机，常村煤矿安全心理咨询中心近年来先后获得了中华全国总工会授予的全国工人先锋号、山西省劳动竞赛委员会授予的"安康杯"竞赛优胜班组等荣誉称号，并于2018年底被山西省总工会确定为山西省职工心理健康示范基地，2019年被中国煤炭工业协会确定为全煤系统职工心理健康示范基地。

为总结应用安全心理学，加强煤矿安全生产管理的有效成果，特别是总结开展 MEAP 的成功经验，常村煤矿认真审慎地组织编写了本书。从内容上看，本书既阐述了 MEAP 的基本理论，又提出了煤矿企业实施 MEAP 的具体要求；既展示了 MEAP 部分核心内容的实施流程，又附有大量的实操案例。本书具有理论深厚、语言精练、内容详尽、重点突出、结构清晰、逻辑合理、案例真实、富于启示等特点，是一部集科学性、实用性、系统性、创新性于一体的 MEAP 服务煤矿企业安全管理的经典著作。

本书是常村煤矿历经八年努力探索和实践而形成的成果。相信，本书的出版，必将为国内众多煤矿企业实施 MEAP 提供有益的借鉴经验，必将有助于煤矿企业提升安全管理水平，提质增效，进而为推进本质安全型矿井建设、美好生活构建与良好心态培育作出巨大贡献。

《思想变为行动》编委会

2020 年 10 月

目　录

第一章　MEAP 理论基础

当前，中国煤矿企业从业人员的心理素质已经成为影响安全生产的重要因素。健康的、良好的心理对于煤矿安全生产有积极的作用，而不良的心理状况会对煤矿安全生产造成一定的消极影响，有时甚至会引发事故。如何提升煤矿职工的心理素质，减少由心理问题或精神问题引发的事故，是煤矿安全生产中的一个难题。山西潞安矿业（集团）有限责任公司常村煤矿针对这一难点，积极开展 MEAP 项目服务，将心理学理论知识和技术应用于安全管理实践，促进了矿井的安全发展、和谐发展。

一、EAP 与 MEAP 概述

EAP（Employee Assistance Program）由美国人提出，直译为“员工帮助计划”，又称“员工心理援助项目”“全员心理管理技术”。它是由企业为员工设置的一套系统的、长期的福利与支持项目。通过专业人员对组织及员工进行诊断和建议，提供专业指导、培训和咨询，帮助员工及其家庭成员解决心理和行为问题，从而帮助员工缓解工作压力、改善工作情绪、提高工作积极性，培养他们积极、乐观、进取的心态，增强他们的心理素质，提高工作绩效及改善组织管理和氛围。

MEAP 是在 EAP 服务的基础上，在我国首创的“煤矿员工援助计划”。它针对煤矿企业及从业人员的特点，通过专业的 MEAP 服务人员提供专项的心理健康服务、心理咨询与相关培训，是为煤矿员工量身定制的“心理保险”和“精神按摩”。MEAP 为煤矿企业员工及其家庭成员解决心理和行为问题，旨在提高煤矿企业的安全生产水平，优化管理，提升绩效，为企业的安全、稳定和高效生产提供有力支持。

二、开展MEAP的目的和意义

（一）有利于提升煤矿员工的心理健康水平

随着社会的发展，心理健康问题越来越突出，心理问题成为21世纪最严重的健康问题之一。世界卫生组织前总干事布伦特兰博士通过研究得出结论：当今世界上，10种致残或使人失去劳动能力的疾病中，有5种是精神疾病——抑郁症、精神分裂症、双向情感障碍、酒精依赖和强迫性障碍。可以说，人类已经悄然由“传染病时代”和“躯体病时代”进入“精神疾病时代”。依据“大健康”理念和健康中国战略，我国已把心理健康作为建设小康社会的要求。习近平总书记明确提出“没有全民健康，就没有全面小康”，说明包括心理健康问题在内的健康问题已经得到国家的高度关注。煤矿员工长期处于特殊的工作环境之中，其职业健康受到了很大的危害，致使其成为心理问题的高发群体之一，为广大煤矿员工提供优质的心理帮助迫在眉睫。在煤矿企业开展MEAP业务，引入专业的MEAP服务团队，可以使煤矿从业人员得到及时有效的心理帮助，从而使其心理压力与不良情绪得到缓解，心理问题得到解决，心理问题抵抗力得到增强。

（二）有利于提升煤矿企业的本质安全水平

煤矿企业事故多发，其重要原因之一就是员工的安全心理素质存在一定的问题。煤矿员工的认知水平、情绪状态、心理压力、职业倦怠、行为模式等属于安全心理素质范畴的具体问题没有得到很好解决。通过开展MEAP服务，可以由专业人员为员工的整体心理素质状况评估把脉，并根据他们的特点开展有针对性的安全心理辅导与安全心理素质培训，提升其安全心理素质，防止由安全心理素质问题引发的人为事故，进而确保安全生产，促进人、机、物的和谐，提升煤矿的本质安全水平。

（三）有利于提升员工和煤矿企业的绩效

绩效是一个组织或个人在一定时期内的投入产出情况。员工的绩效高低受多方面因素影响，主要有技能、激励、机会和环境四个方面。在技能、机会和环境一定的情况下，员工的绩效主要受激励影响，也就是说，企业对员工的工作态度、工作热情、职业需要、职业价值观等方面的引导和激发情况决定着员工的绩效水平。在煤矿企业，员工工作环境相对较差，人员分散，长期在同一岗位从事生产劳动的现象比较突出。这种状况容易导致员工的团队精神和爱岗敬业意识不强，职业倦怠心理严重，安全心理素质较差，在一定程度上制约了员工的工作热情、创造能力和绩效水平的发挥。通过开展 MEAP 服务，可以帮助广大煤矿员工正确认识职业岗位特殊性带来的心理困扰和压力，为其更好地适应特殊的工作环境提供强大的心理支持和帮助。这种支持和帮助将使员工深刻地体会到煤矿企业的人文关怀，进而激发其爱岗敬业意识，强化团队精神和凝聚力，增强归属感、幸福感、安全生产的责任感和使命感，提升劳动行为的安全性，减少甚至杜绝人为事故的发生，提升工作绩效。

煤矿企业的绩效是建立在煤矿员工绩效基础之上的，员工绩效水平的提高，在一定程度上也会促进煤炭企业绩效水平的提高。此外，MEAP 服务团队在为员工提供 MEAP 服务的过程中，会发现企业在组织结构、管理制度、文化氛围、劳资关系、人际关系以及影响安全生产等方面存在的问题，全面准确地把握员工的心理状态，并及时向企业反馈。MEAP 服务团队提供的客观反馈和科学建议被企业接纳，进而采取措施及时完善企业自身的组织结构，通过改变工作模式、改变沟通方式、改善管理风格等，消除影响安全生产和制约企业绩效的各种不利因素，进而促进煤矿企业绩效的提升。

三、MEAP 在国内外的应用情况

EAP 自从在美国起源后，20 世纪 80 年代以来在英国、加拿大等西方国家得到广泛的应用。截至 20 世纪 90 年代末，超过 80%的世界五百强企业建立了EAP服务机构，随后其在日本和我国台湾得到了广泛的应用。目前，我国的电力企业、通信企业、石油企业、金融业、政府机构、军队、事业单位都已广泛使用EAP服务，如国家开发银行、联想集团和富士康等都把EAP服务作为企业文化的一部分抓实、抓细、抓好。

实证研究结果表明，EAP的应用取得了显著的效果。20世纪80年代，美国学者对EAP的实施效果进行了成本回报分析，结果显示，美国企业平均为EAP投入1美元，可为企业节省运营成本5~16美元。James，Campbell，Quick等人的研究结果表明，2008年全美使用EAP服务的雇主中，大约有60%的企业避免了由员工生病请假给生产带来的损失，同时有72%的企业改进了工作效率低的现状。林桂碧（2003）对我国台湾EAP实施效果的研究认为，员工向心力提高，员工抱怨数减少，劳资关系更和谐，企业形象得到提升。谷向东、郑日昌（2004）提出，我国应用EAP的效果具体表现在三个方面：提高个人工作和生活质量；维护社会安宁；降低管理成本、提高经济效益、改善福利水平、增加投资回报。深圳移动公司实施本土化的EAP后，有效推动了企业健康和谐发展，企业内部人文环境明显改善，项目实施产生了良好的社会影响。

鉴于EAP服务的巨大成效，国内的一些煤炭企业也已经开始开展MEAP服务，如中国神华集团能源股份有限公司神东煤炭分公司补连塔煤矿、铁法能源有限责任公司大明煤矿和大隆煤矿、晋煤集团古书院煤矿，特别是山西潞安矿业（集团）有限责任公司常村煤矿更是在MEAP专业服务上走在了全国煤炭系统的前列。

山西潞安矿业（集团）有限责任公司常村煤矿实施MEAP近八年来，通过应用安全心理学，开展个体心理辅导、团体心理辅导、心理测评、心理健康教育等工作，在员工心理健康水平提升、“三违”发生率降低、员工团队凝聚力提高、员工幸福指数提升等方面都起到了明显的作用。首先，员工的心理健康水平得到了提升。通过心理咨询，心理问题的易感人群，包括身体健康状况差的员工、30岁以内和40岁以上的员工、家庭经济困难或与配偶关系差的员工、经历过安全生产事故的员工、工作压力比较大的员工，得到了特别的心理帮助，提升了积极应对心理危机、有效开展压力管理的能力。其次，煤矿的“三违”发生率下降。通过实施安全心理咨询工作，煤矿违章数量逐步减少，违章危害程度逐步降低，

与实施 MEAP 前一年相比，月均违章率降低 13.6%，有效保证了煤矿的安全生产。再次，员工团队凝聚力大幅提高。通过开展安全心理团体辅导，加强了干部职工的沟通协调能力、团结协作能力，提高了员工爱岗敬业、爱矿如家的责任意识，提高了员工的归属感和获得感，维护了企业的和谐稳定，提升了企业的社会形象。最后，员工的幸福指数提升。MEAP 的应用，为员工创造了良好的安全心理培育环境，及时疏通了心理、宣泄了情绪，解决了员工的心理问题，使员工能够全心全意、凝神静气地专注生产、专心安全，促进了煤矿精神文明水平和员工及其家属幸福指数的提升。

实践表明，MEAP 的实施，对煤矿企业的生产率、成本回报率，对员工的心理、行为以及幸福感、成就感等方面带来的作用非常明显，得到了越来越多企业、员工的认可和青睐。因此，借鉴其他行业、企业实施 EAP 的成功经验，大力推进 MEAP，既是煤矿企业实现人本安全的有效路径，也是煤矿企业安全管理的崭新课题。

四、MEAP 核心技术及内容

（一）MEAP 核心技术

MEAP 技术的核心来源于员工援助计划，其关键性技术包括以下 8 项：

1. 心理体检技术

采用专业的心理健康测试方法评估和诊断煤矿企业员工心理健康状况。

2. 心理健康宣传技术

通过海报、印刷品、网络等多种方式开展心理健康教育宣传。

3. 心理素质提高技术

开展职业心理健康、压力管理、积极情绪培塑、职业倦怠克服等专题培训。

4. 心理资本提升技术

为提升员工自我效能感等开展专题培训。

5. 心理咨询技术

为员工提供心理咨询热线、面询、团体辅导、拓展训练等多种咨询服务。

6. 危机干预技术

为员工提供应激事件的心理支持和创伤辅导等。

7. 安全心理行为模式塑造技术

通过心理行为训练等方式，培塑和强化员工的安全行为模式。

8. 效果评估技术

开展MEAP项目阶段性评估和总体评估，对项目实施效果做出鉴定。

（二）MEAP的内容

1. 全员心理健康测评

心理健康测评主要是依据一定的心理学理论，通过科学、客观、标准的量表，对人的能力、人格及心理健康等心理特性和行为提出量化的数值，并进行分析、评价。实施MEAP，借助心理测评系统，使用相关的心理测评量表，对煤矿从业人员开展全员心理健康测评，可以帮助企业全面准确掌握员工的心理健康水平，及时了解从业人员心理健康、工作态度、人际关系以及煤矿管理等有关的问题，为有针对性地开展MEAP工作创造有利条件。

2. 心理健康知识宣传普及

利用板报、广播、电视、微信公众号、QQ群等多种途径和载体，广泛开展心理健康知识宣传，并在井口通道、入井等候室、社区及职工宿舍发放MEAP宣传资料，使煤矿从业人员近距离了解安全心理学知识，从而增强员工的心理健康意识，使其关注自身的心理健康问题，主动提升心理素质。

3. 个体心理辅导

由专业的心理咨询师对受心理问题困扰的员工及其家属提供多种形式的个体心理咨询，包括个人面询、电话咨询、网上在线咨询和电子邮

件咨询等形式，以一对一的方式使员工及其家属的个体心理问题得到及时诊断、解决或转介。及时有效地化解煤矿从业人员与煤矿组织之间、员工与管理人员之间、员工与员工之间、员工与家庭成员之间的矛盾。促进员工心理成长，使员工心理素质和心理资本不断增强，工作能力和绩效水平不断提升。

4. 团体心理辅导

煤矿从业人员的心理问题主要来自情感、婚恋、家庭、子女教养、工作、人际关系、工作压力等方面，因此，可以将有相同心理问题的员工和对安全心理素质提升有共同需求的员工组织起来，由专业的心理咨询师进行团体心理辅导，让员工在团体中找到共性、进行反思，通过团体的感染力和影响力达到帮助员工解决心理问题、提升安全心理素质的目的。

5. 危机干预

煤矿企业各类危机事件时有发生，如安全事故、员工离职潮、劳资矛盾尖锐激化等。在这些危机事件中，MEAP 的介入可以为企业和危机当事人提供有效缓解危机的心理策略，使危机事态得到有效控制，使危机当事人得到心理安慰，进而降低危机带来的经济损失和企业形象损失。

6. 工作失误及事故心理预测预防

利用人体生物节律规律，研发出预测员工工作失误及事故心理的预警信息系统。应用该系统能最大限度地预防员工的工作失误，避免人因事故的发生。人体生物节律是指体力节律、情绪节律和智力节律，它是一个循环的过程：当循环处于高潮期时，人体处于最佳状态；当循环处于低潮期时，人体处于较差状态；而在临界期，体内生理变化剧烈，人容易发生错误行为。依据人体生物节律系统的测试结果，可以科学地安排员工工作岗位、作息时间和学习时间，把重要的业务放在最佳的时间段去完成，在每日的班前会开展预防失误的“爱心提示”等。通过这一措施，可以使煤矿安全管理更加科学合理，进而减少员工失误导致的安全事故和作业风险。

7. 建立煤矿安全心理咨询室

安全心理咨询室是心理咨询师与来访者进行交流的重要场所，一个建构布局合理的安全心理咨询室可以给来访者带来放松的感觉，使其更容易敞开心扉，提高咨询效果。如果条件允许，可同时设立个体咨询室、团体辅导室、沙盘放松室、宣泄室等心理疗愈室，以利于科学专业地帮助来访者缓解压力、释放不良情绪、调节人际关系、强化团队建设等。

第二章　影响煤矿从业人员劳动安全的因素

安全管理的最终目的是减少和消除生产事故的发生，而生产事故一般由物的不安全状态和人的不安全行为引起，其中，人的原因是起主导作用的。所以，要想预防生产事故的发生，首先就要了解影响煤矿从业人员不安全行为发生的因素，这是开展安全教育、有效实施 MEAP 的前提。现实中，影响煤矿从业人员不安全行为的因素是多方面的，本章主要从个人、社会和生产环境三个方面来分析。

一、个人因素对劳动安全的影响

影响劳动安全的个人因素既包括生理因素也包括心理因素。研究结果表明，常见的影响煤矿从业人员劳动安全的个人因素主要包括：疲劳、情绪波动、心理挫折、侥幸与冒险心理、麻痹心理、焦急心理、不良性格等。

（一）疲劳对劳动安全的影响

劳动者在连续工作一段时间以后，会有体力、精力和机能衰退现象，这就是疲劳。疲劳是一种正常的生理和心理现象。从生理学的观点来看，疲劳和休息是能量消耗与恢复相互交替的机体活动。疲劳与休息的合理调节，可以使人体的感觉器官、运动器官与中枢神经系统的机能得到锻炼、提高。在适度的范围内，疲劳对人体并没有什么伤害；相反，人体如果长期缺乏应有的疲劳，则会引起机体内部活动的失调，如睡眠不良、食欲不佳、精神不振等。但是，如果工作负荷过重及连续工作时间过长，造成过度疲劳，就会严重影响人的心理活动的正常进行，造成人体生理、心理机能的衰退和紊乱，从而使劳动效率下降、作业差错增加、工伤事故增多、缺勤率增高等。

目前，疲劳对安全生产的影响已引起人们的广泛重视，已有人把疲劳作为工业事故中具有头等重要性的因素之一，其也是国际上工业安全方面一个长期研究的重点领域。在劳动强度方面，煤矿从业人员的作业活动强度较其他行业更大，而且由于其生产环境的特殊性，极易造成作业疲劳，这对安全生产的影响更为突出。

按照疲劳产生的性质，可分为生理疲劳（体力疲劳）和心理疲劳（精神疲劳）两种。生理疲劳是由人体连续不断的活动或短时间的剧烈活动，使人体组织中的资源耗竭或肌肉内产生的乳酸不能及时分解和排泄引起的。心理疲劳有时是由长时间集中于重复性的单调工作引起的，因为这种工作不能引起劳动者的动机和浓厚的兴趣，加上劳动者没有适当的休息，所以劳动者就会厌倦和焦躁不安，甚至失去控制情绪的能力。另外，心理疲劳还可能因为有的工种需要用脑判断精细而复杂的问题，脑力消耗太大而引起，也可能由人事关系矛盾或家庭纠纷等令人很伤脑筋的事情造成。

从生理学角度理解疲劳现象是比较直观的，但从心理学角度去理解疲劳就不那么容易，因为它是一种主观的体验，它只能从主诉中被表达出来，当然也可以用实验心理学的方法加以证实。综合起来，可以把疲劳的体验归为以下几点：

1. 无力感

个体自我往往有力量不足的体验。在活动中，原来可以完成的动作现在觉得无力完成，似乎“力量已经用尽”。例如，持续学习一段时间后，学习者会明显感觉后面所学内容变得难以理解；当疲劳缓解之后再学习相同的内容，就会感觉容易掌握。出现这种现象的原因是疲劳使学习者产生了无力感。

2. 注意力不集中

个体主观感觉萎靡不振、反应迟钝、思想不能集中在当前应完成的任务上。同时，注意力的转换和分配也失去应有的灵活性。原来的工作能力再也无法保持下去。例如，由于工作压力过大、工作负荷过重，个

体高度紧张，工作之时，头脑总是被一些莫名其妙的怪念头占据着，无法摆脱，有时候，大脑一片空白，总是走神，无法安心工作。

3. 感受能力失调

个体各个感觉器官的感受性下降，而感觉阈限升高。参与活动的感觉器官功能发生紊乱和失调。例如，如果一个人不间歇地长时间读书，那么他会说眼前的字行“开始变得模糊不清”；听音乐时间过长，高度紧张，会丧失对曲调的感知能力；用手工作时间过长，会导致触觉和运动觉敏感性的减弱，有“手脚不听使唤”的感觉。

4. 记忆、思维出现障碍

个体对过去的事难以回忆，对眼前的事难以记住。由于传导性下降，思维变得刻板。或者由于注意力涣散，思维变得失去中心，漫无边际。例如，可以继续读书，但不知读的是什么；可以继续谈话，但往往前言不搭后语。

5. 意志减退

个体的决心、耐性和自我控制能力减退，缺乏坚持不懈的精神。例如，个体开始参与一项目的性很强的任务时兴致勃勃，但是，随着疲劳的体验增强，就会变得很不耐烦，由自觉地承担某种责任而变为应付差事。

6. 欲睡

当个体疲劳体验达到很高程度时，往往出现睡眠欲望。这时的睡眠欲望是极强的，甚至在各种状态下都可以睡着，不管是站着、坐着或是走动着，都可以进入睡眠。这是一条警戒线，在这时应当睡眠，以防止各种事故和精神的崩溃。例如，矿井下从事采掘工作的矿工、各种车辆司机，在连续工作时间太长而疲劳至极时，就会毫无警觉地突然入睡。

综合生理和心理的特点，可以把疲劳划分为三种阶段或三种程度。

第一阶段，疲劳表现为精神不振、困倦、打盹等。这时仍能够在提高工作兴趣的情况下，用意志力量控制自己以保持原有的工作水平。当然，如果硬性地在这种疲劳状态下长时间坚持工作，将会引起“疲劳暴发”。

第二阶段，疲劳表现为准确性下降，工作中错误率提高，但工作速度往往仍然可以维持原有的水平。这时的准确性下降无法用意志力和加强外部刺激的办法改善。

第三阶段，疲劳是一种极度的疲劳体验。如果说前两种疲劳只是一种保护性反应，那么第三种疲劳就已经告诉我们：身心已经受到伤害。在这种过度疲劳情况下，工作能力急速下降，人们会体验到无法继续工作下去，对工作毫无兴趣，甚至厌倦、憎恨，有的人可以进入歇斯底里状态。

因此，作为领导者要尽力改善劳动环境和优化劳动组织、减轻劳动强度、强调劳动卫生、提倡劳逸适度，鼓励职工积极参加文娱和体育活动。作为职工个人，则要把具体工作岗位任务与对社会的义务感、责任感及远大理想目标联系起来，充分认识所从事工作的社会意义，从而感受其中的乐趣，并能对某些环境欠佳或志向不符的工作也能有较好的适应，以此防止疲劳感的产生。

（二）情绪波动对劳动安全的影响

情绪高涨和情绪低落是情绪两极性的一种表现形式，与安全生产有密切关系。人在情绪低落时，主要表现为精神不振，对周围事物的兴趣明显降低，意志减退，特别是注意范围狭窄，头脑中往往时刻被不愉快的事情所缠绕，甚至外界很强烈的危险信息都不能引起注意。显然，人在这种情况下操作对安全极为不利，因为情绪低落者很难集中注意力于当前的工作，很容易导致错误操作而发生事故。再者，当出现意外危险时，人的应激能力减弱，不易发现危险信号和想起应该采取的措施。与此相反，人在情绪很高涨时，兴高采烈，浑身是劲，但这时人的注意范围同样会缩小，因为人在很兴奋时，大脑皮层的有关部位会产生很强的兴奋区，此时其他部位则会受到较强的抑制。因此，在这种情况下，对安全操作同样是不利的。

（三）心理挫折对劳动安全的影响

人生活在复杂的社会环境中，经常会遇到各种困难和障碍，所以，挫折是经常发生的。心理挫折是指人们在某种动机的推动下所要达到的目标受到阻碍，因无法扫除障碍而产生的紧张状态或情绪反应。

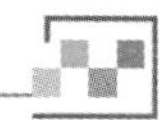

心理挫折是一种主观感受，它对人构成一种情感上的威胁，使人产生不愉快或痛苦的感受。人在受到挫折时，感情反应是非常复杂的，包括自尊心、自信心的丧失，失败和愧疚情绪的增长，从而形成一种紧张、忧虑、悲哀等复杂的心情。

劳动者在受到心理挫折之后，可能产生压抑、烦恼、气愤等各种情绪反应，从而影响作业时的注意力，容易引发事故。

（四）侥幸与冒险心理对劳动安全的影响

侥幸心理是一种在工作和生活中都广泛存在的心理现象。从性质上讲，应该是一种趋利意识作用下的投机心理，而这种心理又往往是冒险行为的主要心理因素构成成分。冒险心理是指个体具有的冒险意识和冒险行为倾向。研究结果表明，个体在冒险方面的差异十分明显，也就是说，有的人冒险倾向这一性格特征表现十分明显。实践证明，具有冒险倾向的人往往也是事故易发者。他们除了更容易有意接受风险外，还存在对风险的错误认知问题。另外，人的年龄、性别、职业、文化差异也与冒险倾向有关。面临同样一种危险的情境，不同的人反应是不一样的：有的人可能三思而行，回避风险；有的人则可能拿生命当儿戏，冒险蛮干。冒险倾向往往在青年工人中表现较多，年轻时期由于实践经验和社会经历还不丰富，加上生理上的一些特殊情况，往往情绪不太稳定，思想比较简单，而对事情的后果考虑较少，容易表现为感情冲动、缺乏耐心和争强好胜。

在生产过程中，劳动者之所以存在侥幸与冒险心理，主要受如下双重机制影响。

1. 敢于冒险与侥幸逃脱机制

人们虽然看到或听说过很多伤亡事故，但在实际的生产作业中并不是每一次违章冒险都出现事故，有时很多次违章也没出事故，因此风险评估会较低。这使人出现“这次违章冒险作业也不会出事”的侥幸心理。也就是说，当某种冒险行为被行为者评估为具有较小的风险概率时，侥幸逃脱心理便产生了。然而正是这种侥幸逃脱心理的存在，导致了众多的悲剧，这是概率性法则的必然结果。

2. 冒险行为与避险趋利机制

一般来说，煤矿企业劳动强度高，工作时间长，遵章作业的安全行为需要耗费更多的体力和时间，且较少受到管理人员或同伴的支持，而采取冒险行为，进行违章作业却能省时省力，增加作业产量，获得多种利益，在此情况下，人们“避险”动机减弱，趋利动机占据主导地位，并促使侥幸心理的产生，而且由于多次重复，其“得益”的冒险经历会使冒险心理得到强化。

（五）麻痹心理对劳动安全的影响

麻痹心理是人为事故常见的心理原因。其主要表现通常称为马虎、凑合、不在乎，即工作粗枝大叶、马马虎虎，不遵守安全规章，不讲求工程质量和工作质量，态度上大大咧咧、满不在乎。

产生麻痹心理的原因很多，从主观上讲是工作责任心差，安全意识淡薄，缺乏认真科学的工作态度；客观上讲，生产条件较好，较长一段时间未发生事故，或者由于生产指标过高，压力过大，认为按规程完成不了任务，从而把安全抛在脑后。

国内外的调查和统计资料表明：思想麻痹、轻视松懈是引起事故的重要因素。如瓦斯涌出量很大的矿井管理层对安全生产会相当重视；而瓦斯涌出量很小的矿井管理层可能会产生麻痹心理，忽视瓦斯对矿井安全的影响。英国一个多年来在风流中未测到瓦斯存在的矿井，就曾发生2次瓦斯爆炸事故。

（六）焦急心理对劳动安全的影响

当人们在有限的时间内感到难以完成预定或期望的工作量时，往往会产生时间紧迫感。时间紧迫感是一种类似于“焦急”的心理状态，这里的“有限的时间”和“预定工作量”既可以是个体自己限定的，也可以是生产管理者限定的。在时间紧迫感的状态下，会促使冒险行为的产生。特别是在临下班或交接班之前，由于工作量没完成影响工资等，从业人员会出现紧迫焦急的心理状态，很容易出现冒险凑合的行为。事故统计也发现，在临下班时事故要比其他时间段多，其中就有这个原因。

（七）不良性格对劳动安全的影响

人的行为表现与性格类型有着直接的关系，所以，人的性格也是影响煤矿从业人员劳动安全的一个重要因素。对于较为危险的工作岗位，一般来说，有以下 8 种性格特征的人比较容易发生事故：

1. 攻击型性格

具有这类性格的人，常妄自尊大，骄傲自满，工作中喜欢冒险，喜欢挑衅，喜欢与同事闹无原则纠纷，争强好胜，不愿接纳别人的意见。虽然这类人一般技术比较好，但也很容易出事故。

2. 孤僻型性格

具有这类性格的人，性情孤僻、固执、心胸狭窄、对人冷漠。这类人一般独立完成任务的能力优于其他人，但工作中固执己见，缺乏团队精神和合作意识，容易引发安全事故。

3. 冲动型性格

具有这类性格的人，性情不稳定，易受情绪感染和支配，易于冲动，情绪起伏波动很大，受情绪影响的时间长，不易平静，因而工作中易受情绪影响而忽略劳动安全。

4. 抑郁型性格

具有这类性格的人，心境抑郁、浮躁不安。这类人由于长期闷闷不乐、精神不振，导致大脑皮层不能建立良好的兴奋性，干什么事情都提不起兴趣，因此很容易出事故。

5. 马虎型性格

具有这类性格的人，马虎、敷衍、粗心。这种性格常是引起事故的直接原因。

6. 轻率型性格

具有这类性格的人，在紧急或困难条件下容易表现出惊慌失措、优柔寡断或轻率决定、胆怯或鲁莽。这类人在发生异常情况时，常不知所措或鲁莽行事，错失排除故障、消除事故的良机，使一些本来可以避免的事故发生。

7. 迟钝型性格

具有这类性格的人，感知、思维、运动迟缓，不爱运动，懒惰。具有这种性格的人由于在工作中反应迟钝、无所用心，也常会导致事故发生。

8. 胆怯型性格

具有这类性格的人，懦弱、胆怯、没有主见。这类人由于遇事退缩，不敢坚持原则，人云亦云，不辨是非，不负责任，因此，在某些特定情况下很容易发生事故。

在日常工作中，更需要关注以上8种性格特征员工。

好的性格并不完全是天生的，教育和社会实践对性格的形成具有更重要的意义。例如，在企业生产过程中，如果员工不注意安全生产、失职或其他原因而发生了事故，轻则受批评或被处以罚款，重则受处分甚至受到法律制裁；而注意安全生产的员工会受到表扬和奖励。这就在客观上激发了员工以不同方式进行自我教育、自我控制、自我监督，从而形成工作认真负责和重视安全生产的性格特征。因此，通过各种途径注意培养员工认真负责、重视安全的性格，对安全生产将带来巨大的好处。在生产过程中，应时刻关注员工的性格，对于危险性较大或负有重大责任的岗位，坚决避免任用具有明显不良性格特征的人；对于在岗人员也应常常了解他们的思想状况和性格变化。这都是促进安全生产的有效方法。

二、社会因素对劳动安全的影响

安全生产需要劳动者在稳定的情绪、平静的心境下集中精力地工作。可是，人每天都生活在复杂的社会环境之中，不断与外界社会进行相互作用，几乎时刻都在与他人进行着各种形式的交往或联系。其间，人际关系不良、家庭冲突、各种生活事件等问题会经常发生，因此，对个体来说也就时常会产生各种复杂的心理冲突、挫折、沮丧或兴奋等。在劳动过程中，对许多人来说，很难把这些心理矛盾和各种杂念全部排除在工作之外，以致造成分心或感觉及反应迟钝等情况，从而使作业失误增加、不安全行为增多，甚至导致事故的发生。

（一）人际关系对劳动安全的影响

人际关系属于社会关系的范畴，是人们在相互交往中发生、发展和建立起来的心理上的关系。人际关系贯穿于社会生活的各个方面，是社会与个人直接联系的媒介，是人们进行社会交往的基础，是人们参加生产劳动、学习和日常生活及各种社会活动所不可缺少的。

1. 一般人际关系对劳动安全的影响

不同的人际关系会引起不同的情绪体验。良好的人际关系会使人感到心情舒畅、工作积极性提高。相反，如果人与人之间发生了矛盾和冲突，一时又没有妥善解决，双方就会产生冷淡、敌视、忧虑或苦闷等心理状态。这除了会影响人的身心健康之外，还会导致人在劳动活动中心理和行为的不稳定。这对劳动安全来说，是极为不利的因素。

许多研究结果证明，在不良的人际关系环境中工作，发生事故的概率比正常条件下要高，与上级有对立情绪、与同事矛盾重重、与下级关系紧张的个体容易发生事故，特别是上、下级关系紧张的组织，更容易发生事故。

劳动中的人际冲突处理不当往往容易引发事故。人际冲突是指两个群体或个人之间在行为上的对立和争执等。人际冲突的原因主要有以下几个方面：

（1）认知冲突。这是指人们由于认识、经验、观点及态度不同，对同一事物产生不同的认识而造成的冲突。

（2）目标对立。随着社会的发展，劳动者的人生目标、人生价值也越来越呈现多元化，每个劳动者对劳动创造人生价值、体现人生价值的奋斗目标的认同和践行存在明显差异，不可避免地造成个人与组织、个人与个人之间的目标出现对立的状况，极易导致冲突。

（3）攀比心理。在劳动任务的分配、报酬的支付以及福利待遇等方面都可能产生攀比心理，并进而发生冲突。

（4）嫉妒心理。嫉妒是一种常见的病态心理，是发现自己的才能、名誉、地位或境遇等方面不如他人时产生的羞愧、愤怒、怨恨等心理现象。嫉妒心理较多发生于个人情况（包括能力、地位等）差别不大的人之间，这种心理的危害性在于对他人实施人身攻击、诋毁等行为，从而引发人际冲突。

（5）职责不清。这是指岗位职责不清晰，分工不明确，有事无人负责，出了问题互相推诿、扯皮，也容易造成群体或个人之间的冲突。

（6）分配不当。这是一个很普遍的问题。在工作或劳动任务的分配、报酬的分配或精神奖励、表扬等方面不公平时，都可能引起冲突。

2. 家庭关系对劳动安全的影响

家庭关系即家庭中的人际关系，是指家庭成员之间的相互关系，主要包括姻亲关系（夫妻、婆媳、姑嫂、叔婶、妯娌等）、血亲关系（父母子女、兄弟姐妹等）。家庭关系中主要的是夫妻关系，这是维系家庭的第一纽带；其次是父母和子女的关系，这是维系家庭的第二纽带。家庭关系是人们日常生活中最重要的人际关系。

和谐、稳定的家庭关系对煤矿员工的劳动安全会起到巨大的促进作用，不仅能使煤矿员工得到休养和调整，迅速恢复体力和精力，为新一天的工作积蓄能量，还能缓解煤矿员工的不良情绪和压力，使其解除工作烦恼，集中精力做好本职工作。因此，煤矿企业的管理者，特别是最基层的班组长，应时刻关注本单位员工的家庭关系，尽力为员工创建和谐、稳定的家庭关系当好参谋和助手，提供便利条件。同时，煤矿员工自身更要不断努力，积极营造良好的家庭关系氛围，使家庭成为煤矿企业安全生产的有利条件。

家庭关系是否能够维持良好的状态，关键是能否较好地处理和解决家庭矛盾。一般来说，解决家庭矛盾可以遵循以下方法或原则：

一是互谅互让原则。各自主动指出自己的缺点、不足或错误之处。即使自己有理，也要让人三分，所谓“让一步天高地阔”，这样做，问题的解决就会比较容易了。

二是理解尊重原则。多体谅对方的难处，多做一些有益于对方的事，注意发现对方的优点和正确之处，以求得理解和尊重，共同促成矛盾的解决。

三是就事论事原则。凡事不要算旧账，要就事论事，不要攻击对方的弱点和易受伤害之处，更不要互相辱骂。

四是理性解决原则。对夫妻来说，如果发生很深刻的矛盾，确实经过长期内部努力和外部帮助均不能协调解决的，可以最后采取好离好散

的离婚方式解决问题，因为若勉强维持下去会给双方带来身心折磨和无穷烦恼，对劳动安全也会极为不利。

（二）群体压力和从众行为对劳动安全的影响

社会心理学的研究结果表明，群体成员的行为通常有跟从群体的倾向，有接受群体规范的意愿。当一个人的意见或行为倾向与群体不一致时，就会产生一种心理的紧张，感到一种压力，这种压力被称为群体压力。群体压力有时非常大，会迫使群体中的成员违背自己的意愿，产生与自己意愿完全相反的行为，促使他趋向于和群体一致，这就是从众行为，用俗话来说就是“随大流”。

群体压力和从众行为之间有一定的联系，在不少情况下，从众行为是由群体压力所致的。例如，在一个单位，如果绝大多数人都提前 15 分钟上班，剩余的个别人虽然不想提前上班，甚至想迟到，但会感到一种压力，从而跟随大家提前上班。相反，如果大多数人都是过了上班时间才到岗，那么，愿意提前上班的人则会感到一种相反的压力，进而产生迟到的意向。又如，井下采掘工人都知道戴口罩是防止尘肺病的有效措施，但有的工人可能由于看到别人都不戴口罩，担心自己若戴会被孤立，因而不戴，违心地遭受煤尘的危害。

除了由群体压力所致的从众之外，也有不少情况是自愿的从众。在煤矿企业生产班组里，从众现象是一种值得重视的心理现象。在安全生产方面，整个生产班组对安全生产的态度会直接影响班组每个成员的态度。例如，有的班组重视安全生产，遵守安全规程、杜绝事故发生已成为班组内的一致规范，并形成了互相监督的风气。在这种班组里，会对粗心大意的工人产生压力，使他不敢违章作业。与此相反，有的班组可能忽视安全生产，把执行安全措施和按照《煤矿安全规程》操作看成胆小怕事、技术不熟练的表现，而把冒险作业看成有勇气、有能力。在这种班组里，想按规章制度进行生产作业的人则会感到相反的压力，即由于怕被人说胆小鬼、没本事，而可能违背自己心愿去违章作业。

从众心理对安全生产既有不利的一面，也有积极和有利的一面。对安全管理和生产指挥人员来说，要注意发挥从众心理的积极作用，避免其消极作用。

（三）社会助长作用对劳动安全的影响

社会助长作用是指，只要其他人在场，即使个体之间互不相识或无竞争关系存在，也可以对一个人的行为产生助长作用（或促进作用）。这里，其他人在场是产生社会助长作用的前提条件，并且这种助长作用是在不依赖个体相互间竞争的情况下产生的。在我们的日常生活中，凡是有集体（或多人）共同活动的地方（如劳动、娱乐等场合）都可以看到这种助长作用。

社会助长作用有积极的一面，也有消极的一面。它除了能助长人们的正确行为外，在很多情况下也会助长人的错误或消极行为。例如，在煤矿生产劳动中，它有可能助长人们的冒险行为或不安全行为。有些喜欢冒险的人在他人在场时，可能会变得更冒险，而他独自一人的时候就可能相对安全。

（四）生活事件对劳动安全的影响

生活事件是指个体在日常生活中能引起人的心理失衡或失调的事件，包括负性事件和正性事件，都能引起人情绪的波动。在工作和生活中，有许许多多的事件会使人们的情绪发生较大的波动，如亲友亡故、夫妻分离、工作变化等。这些事件无疑会对劳动者作业的可靠性产生不利影响。还应指出，由于各种生活事件的性质和严重程度不同，其对人的影响程度也不一样。

美国心理学家霍尔姆斯做过一次调查研究，他将每种生活事件均赋以一定的数值，例如，配偶死亡100、离婚73、夫妻分居65、亲密家属死亡63、结婚50、工作调动39、经济状况改变38、放假13等。研究发现，一年中生活变化值若超过150分，便有可能导致疾病或发生意外事故；若超过300分，则几乎百分之百会生病，发生意外事故或工作中发生差错的可能性更大；若分数累计低于30分，即生活较安定，则可保持心理的稳定和有利于身体健康。

该项研究结果还证实，生活事件与心理障碍也有关系。如生活事件

越多，发生的精神障碍（如抑郁症状、睡眠失调等）越多，发生心理病理行为的可能性也越大，甚至可能促使精神分裂症发病。即使是生活当中的小事，也有可能对人心理和行为产生很大影响。另外，生活事件与人的某些躯体疾病（如溃疡病、原发性高血压等）的发生也有密切关系。

人作为“社会关系的总和”，作为复杂纷繁的现代社会中的一员，无论是正面的还是反面的生活事件，几乎每日都在发生，它们对个体生理、心理和行为均会产生积极的或消极的作用。而当这种作用的强度达到一定程度，反映于劳动者的生产作业过程中时，就会导致人为失误的增加，更有可能引发工伤事故。煤矿安全事故统计数据表明，在过节、休班、请假前后，比较容易发生事故，这似乎已成为一个普遍的现象。在节假日前后，与假日有关的事情会在劳动者的头脑中起干扰作用，使他们在劳动过程中容易注意力分散，情绪不稳定。比如假日前，人们常会盘算如何安排假日生活、和家人团聚以及走亲访友等。假期之后，假期中有关事件的印象还未在头脑中消失，特别是一些令人兴奋或令人烦恼的事情，更不会在头脑中立即烟消云散，会造成劳动者思想不容易马上转移到工作上来，不能集中精力于当前工作。很显然，这些情况都会对安全生产产生不利影响。煤矿生产现场的环境复杂，客观上要求每个劳动者必须集中精力工作，因此，在员工喜庆、婚丧、节假日前后，单位的领导特别是基层管理干部要及时做好员工思想工作，提醒员工要在离队前和归队后排除一切外在干扰，将全部精力投入到工作中。除此之外，在指挥生产、安排任务时，也要考虑采取有关措施，如对有关人员安排较为安全的工作，或派人与之配合监护等。员工个人更要努力控制自己，在工作中绝不想工作以外的事情，以防患于未然。

三、生产环境因素对劳动安全的影响

生产现场的环境因素包括照明、噪声、温度、湿度、色彩、粉尘、水汽、烟雾及工作场所的空间特点等。这些因素都会在某种程度上对劳动者的生理、心理、舒适感和安全性等产生一定的影响。

（一）噪声对劳动安全的影响

噪声在煤矿生产中是广泛存在的，有的还具有较高的强度，如扇风机、空气压缩机、各种风动设备和一些机电设备等发出的噪声。高强度的噪声对人的影响是很大的，并且既有生理方面的危害，又有心理方面的严重影响，它是影响矿工作业可靠性的一个重要因素。比如高噪声可引起噪声性耳聋、头痛、睡眠不良，可使人注意力分散和情绪不稳定。在煤矿井下，由于高噪声的掩蔽效应还可使矿工对井下一些声音信号和事故的预兆（如地压变化、支架破坏、放炮警报、机车信号、设备故障等声响）不能及时觉察，因而可能导致工伤事故和设备事故，严重影响安全生产。

（二）高温对劳动安全的影响

高温对煤矿工人的影响主要包括以下几点：

1. 对循环系统的影响

高温作业时，人体皮肤血管扩张，大量出汗使血液浓缩，造成心脏活动增强、心跳加快、血压升高、心血管负担增加。

2. 对消化系统的影响

高温对人的唾液分泌有抑制作用，使胃液分泌减少，胃蠕动减慢，造成食欲不振。大量出汗和氯化物的丧失，使人的胃液酸度降低，易造成消化不良。此外，高温可使人的小肠的运动减慢，形成其他胃肠道疾病。

3. 对泌尿系统的影响

高温下，人体的大部分体液由汗腺排出，经肾脏排出的水盐量大大减少，使尿液浓缩，肾脏负担加重。

4. 对神经及心理的影响

这种影响主要包括，在高温及热辐射作用下，人体肌肉的工作能力、动作的准确性、协调性、反应速度降低，知觉判断、注意集中与分配失调，以及心境不良，容易烦躁等。煤矿井下工作环境温度会随着采煤深度的增加而发生变化，煤矿工人常年在较高温度的环境中劳动，自然会

增加工作的不安全性。

（三）低温对劳动安全的影响

在寒冷或低温的环境中劳动，人的作业可靠性会下降。寒冷的冬季，在煤矿从事地面或野外作业的人员，以及采用冻结法进行立井施工的工人都会受到寒冷或低温的影响。在四肢受冻的情况下，关节僵化和皮肤感觉迟钝，造成动作灵巧性和准确性降低，也会给工作带来不便和增加危险。

（四）照明对劳动安全的影响

适当的照明是视觉的必要条件，视觉为人们提供关于外界情况约80%的信息。良好的照明条件能提高近视力和远视力，提高识别速度，增进立体视觉，抑制与减少眼疲劳，因而照明可作为降低事故频率的重要手段。美国一家保险公司估计，25%的工伤事故发生在照明差的条件下。

照明与煤矿的安全生产也有着密切的关系。在煤矿井下，照明条件较差的情况较为普遍，这不仅容易引起矿工视觉疲劳和视力衰退，还会由于能见距离缩短、对周围工作环境中的各种物体辨别能力下降而导致诸多人为失误，从而造成各种事故的发生。因此，我们必须努力改善煤矿生产环境的照明条件，为煤矿工人创造一个舒适柔和并具有足够亮度的视觉环境，以利于煤矿的安全生产。

（五）潮湿对劳动安全的影响

“潮湿”通常指空气的相对湿度大于75%。煤矿井下空气潮湿，在低温情况下，加剧了导热而增加了空气对人体的冷作用，人就会感到阴冷，阴冷会加快人体散热，使人受到“湿害”的侵袭，易引发关节炎等疾病。在潮湿且温度较高的情况下，由于增加了空气对人体的热作用，人就会感到闷热，闷热能使蒸发散热发生困难，破坏人体的热平衡，使人提不起精神，产生昏昏欲睡、心情烦躁、呕吐等症状，使人的反应力、应激能力下降。此外，潮湿还会使井下可见度降低，影响行车、行人安全。所以，井下潮湿环境会导致劳动效率降低，事故率增高，必须加以高度重视。

第三章　安全心理咨询组织机构建设与运行

安全心理咨询组织机构是 MEAP 服务的核心内容之一，建设高标准的安全心理咨询组织机构是保证 MEAP 服务高效运行的前提。不仅需要企业高度重视，在人、才、物等方面加大投入，更要强化管理，在制度建设、业务能力、专业质素提升等方面严格要求，以高标准的硬件、软件实力确保安全心理咨询组织机构规范建设与运行。

一、企业安全心理咨询组织机构建设与运行的基本要求

（一）组织机构设置要求

组织机构是企业为实现共同的目标、任务或利益，把人力、物力和财力等按一定的形式和结构有秩序地组合起来开展活动的组织体系。根据国家 22 部门联合印发的《关于加强心理健康服务的指导意见》（国卫疾控发〔2016〕77 号）所提出的“各级机关和企事业单位依托本单位工会、共青团、妇联、人力资源部门、卫生室（或计生办），普遍设立心理健康辅导室，培养心理健康服务骨干队伍，配备专（兼）职心理健康辅导人员”的要求，企业设立心理咨询组织机构是贯彻落实国家政策文件，推进健康中国战略的重要举措。但是，由于心理健康教育和咨询在我国起步较晚、进程较慢，很多企业对此重视不够，在企业设立心理咨询组织机构，特别是煤矿企业设立安全心理咨询组织机构更是新事物。借鉴国内外企业和国内高校心理咨询组织机构建设的成功经验，煤矿企业安

全心理咨询组织机构设置应符合如下要求。

1. 命名科学

组织机构名称是机构基本属性、内在规律以及特殊性的综合反映。一个科学、完整的机构名称，应该能够反映出该机构的行政区划、所属关系、工作性质、规格级别以及管理范围等。机构名称一般由三部分组成，即区域名、矢名和格级名，它们分别说明和规定着机构的管理（服务）范围、隶属关系、工作内容以及级别规格等。如 ××× 企业（集团、公司、厂矿）心理咨询室。山西潞安矿业（集团）有限责任公司常村煤矿将心理咨询组织机构命名为常村煤矿安全心理咨询中心。

2. 部门设置、人员配置合理

企业应该本着高效、实用、节约的原则，根据需要设置内部的部门，配备相关人员。就煤矿企业的心理咨询组织机构而言，由于是非生产部门，其内部的部门设置不宜过多，办公室、培训部门、咨询部门、宣传部门必不可少，其他部门视企业的实际情况而定；从人员配置来说，应设机构负责人一名，配备机构所属部门负责人和专（兼）职心理咨询、心理健康教育、培训、宣传、服务人员若干名。常村煤矿安全心理咨询中心内设办公室、咨询、培训等部门，配备一名主任，一名副主任，专（兼）职心理咨询及教育培训人员若干名。

3. 指导思想明确

指导思想是个人或组织从事某种活动遵循的依据、涉及的内容、借助的载体、达到的目的的综合体现。企业开展 EAP 服务，建设心理咨询组织机构，必须进行概括、总结，提出明确的指导思想。如 ××× 煤矿企业进行安全心理咨询组织机构建设时，提出的指导思想是：以习近平新时代中国特色社会主义思想为指导，按照《中华人民共和国精神卫生法》和国家 22 部门联合印发的《关于加强心理健康服务的指导意见》等法律政策要求，落实健康中国建设战略部署，强化组织领导，明确部门职责，完善心理健康教育、宣传、咨询服务网络，加强心理健康人才队伍建设。加强重点人群心理健康服务，形成自尊自信、理性平和、积极向上的健康心态。

4. 目标清晰

目标是个人或组织需要通过努力，有步骤去实现的对活动预期结果

的主观设想。进行企业心理咨询组织机构的建设，从目标设计上，一定要体现方向性、实践性、价值性。制定出具体、清晰、明确的目标。如×××煤矿企业心理咨询组织机构的目标是：构建教育、预防、干预、发展一体化心理援助模式，帮助煤矿员工提升疾病防控、情绪管理、心理调适和危机应对能力，确保煤矿员工身心健康和矿井安全稳定。

5. 工作职责详尽

工作职责是指任职者或组织机构为履行一定的组织职能及完成工作使命，所负责的范围和承担的一系列工作任务，以及完成这些工作任务所需承担的相应责任。对于企业心理咨询组织机构而言，其建设伊始，必须厘清职责范围，其运行过程，必须牢记任务使命，做到工作职责详尽。如×××煤矿企业安全心理咨询组织机构制定的工作职责如下：

安全心理咨询中心工作职责

一、负责全矿安全心理健康教育队伍建设。

二、负责全矿安全心理健康知识宣传、培训、安全心理健康理论研究工作。

三、负责全矿安全心理健康教育课程体系建设。

四、负责建设和维护煤矿安全心理咨询室网站。

五、制订安全心理健康年度工作计划，撰写年度工作总结。

六、做好煤矿职工心理健康测评、心理辅导、心理访谈，建立全矿安全心理健康档案。

七、指导各区队开展安全心理健康教育工作。

八、定期开展多形式的安全心理健康教育、宣传、培训、辅导活动，帮助职工完善和提升心理素质。

九、开展心理行为训练、集训营、潜能开发等活动，帮助职工塑造良好的心理品质。

十、开展危机干预与心理诊断服务。

十一、坚持保密原则，对煤矿职工的有关资料、档案予以保密。

十二、做好心理咨询室、心理宣泄室、团体辅导室等场所的值日、管理及接待工作。

十三、完成领导临时交办的其他工作。

（二）安全心理咨询组织机构设置地点选择的要求

长期以来，人们都存在这样的偏见和误解，即走进心理咨询组织机构就是“心理有病”。特别是煤矿员工，全员心理健康知识的教育与宣传普及程度不高，所以大家通常认为只要走进心理咨询机构，或是心理有问题，或是精神病人。另外，受传统文化的影响，人们普遍认为“家丑不可外扬”，自己的事自己解决，一旦别人知道了，自己脸上无光，在他人面前有羞愧感。因此，许多企业把心理咨询组织机构设在比较隐蔽、偏僻的地方。但这样做并不能减轻职工的心理顾虑，反而从某种角度上加大了这种顾虑，让员工觉得心理咨询机构似乎真的很神秘，并且还担心如果别人知道了自己去心理咨询机构会怎么看自己，这似乎是在考验员工的胆量和勇气，因此，这样的心理咨询机构及其功能室利用率并不高。许多从事心理咨询的专业人士认为，心理咨询组织机构的设置应本着安静和方便的原则，设在便于职工访问的地方。

首先，心理咨询组织机构要选在安静温馨的地方，减少噪声对心理咨询工作的影响，最好避开大礼堂、体育场、食堂等场所。其次，心理咨询组织机构要选在明亮舒适的地方，房间要求阳光充足、通风良好、冬暖夏凉，房子周围最好有绿色植物。由于煤矿员工长期工作在井下，所以更需要这样充满生机的植物将他们内心积极的情绪调动起来。最后，心理咨询组织机构要选在便于煤矿员工出入但又不明显的地方。如果距离太远，就会让来访者产生距离感和阻隔感，这种阻隔不仅是空间上的，也是心理上的，会增加来访者的心理压力。特别对于那些不太了解心理咨询的来访者来说，他们对心理咨询的认识还不深，对他人的看法非常敏感，害怕别人的议论和误解，不太愿意让朋友、同事看到自己出入心理咨询中心，所以，心理咨询组织机构应设立在方便来访者出入，但又不是很显眼的地方。

（三）安全心理咨询组织机构总体布置要求

安全心理咨询组织机构的总体布置应符合简洁、温馨、舒适、安全的要求，以适应不同年龄段员工特点为原则。一般来说，安全心理咨询

组织机构的布置需体现以下几点：

1. 适宜性

室内的布置以浅色、淡色调为主。例如，可以选择浅色半透明或淡绿色的窗帘、淡黄色的墙面、淡粉色的沙发，桌椅的颜色也应比较清淡，给来访者明朗、愉快的感觉。一般可在墙上悬挂治愈系风景画，以便让来访者心情平静下来。整体氛围要宁静，不应布置分散来访者注意力的物件。咨询中心的采光、通风条件要好，温度要适宜，可适当地用鲜花、绿树、盆栽等装饰环境，使来访者感觉到生机勃勃，温馨如家。

2. 隐秘性

除团体活动室和图书阅览室外，其他功能室的面积不需要很大，一般以 20~25 m^2 为宜，目的是给来访者一种安全感和信任感。座椅摆放要具有隐秘性，来访者应避开面朝门窗的方向，不应让来访者与突然进来的人照面。此外，嘈杂声会影响来访者乃至心理咨询师的情绪，会严重影响咨询的效果，因此，安全心理咨询组织机构的各功能室要达到一定的隔音标准（小于 40 dB）。

3. 整洁性

当来访者走进安全心理咨询组织机构时，干净整洁的环境会给他们一种轻松、舒适的感受，让他们体会到心理咨询师对他们的尊重，同时，也营造出良好的咨询氛围。各功能室以简洁为主，不要摆放很多东西，以免显得房间狭小，给来访者一种拥挤杂乱的感觉。

（四）安全心理咨询组织机构功能室建设要求

安全心理咨询组织机构的房间按其数量多少、功能不同，可分为预约接待室、个体咨询室、团体辅导室、音乐放松室、心理测评室、心理宣泄室、沙盘治疗室等多个功能室。各功能室有不同的建设要求。

1. 预约接待室建设要求

预约接待室用于心理咨询开始前，是心理咨询前期接待来访者或来访者等待咨询的场所，为来访者能够有一个放松的情绪状态进入心理咨询做准备。

接待室的房间布置应该以让来访者身体和心理共同放松为主要目的，

恰当的布置会增加新鲜感，增强来访者对咨询的期待而非本能的抵触。柔和的光线与室内的设计融为一体，色彩浓淡适宜，气氛温馨、亲切，便于来访者情绪平静、精力集中地等待咨询，是确保咨询取得实效的关键环节。

预约接待室的房间装修应体现轻松简洁。在环境设施方面，大方、得体、自然为好。墙壁颜色可选择明亮温馨系列，切不可选择凝重或者特别欢愉的颜色。另外，在窗帘颜色上，以淡冷色系列为宜。

预约接待室所用物品以简单实用为主，接待室里面的沙发应选用浅色皮沙发或布艺的沙发。使用四角圆滑的茶几为主，确保来访者的安全。在书架的选择上，以简洁的款式为主，适当放置几件安全心理咨询中心的宣传品，供来访者随手拿取，以便来访者了解安全心理咨询中心的规章制度、心理咨询的过程。选择一些风景画挂在适宜来访者等待时观看的位置，这样可以使来访者的心理得到放松。同时也可以选择摆放一些小物品，如鲜花、花瓶、心理图片、植物、雕塑像等。

2. 个体心理咨询室建设要求

个体心理咨询室是心理咨询师与来访者进行面对面咨询的场所，承担一对一的个体心理咨询功能。个体心理咨询室需要给来访者一定的安全感，使他们能够在心理咨询师面前真实地表达自己。咨询师与来访者的座位呈 L 形摆放或者角度不小于 90°，这样来访者和咨询师既能够互相捕捉到对方的神情，又不至于对视而给双方带来不适，因为来访者在一种温馨舒适的环境下才能够完全地敞开心扉。

个体心理咨询室在安全心理咨询组织机构各功能室中具有举足轻重的作用，房间的装修应以舒适温馨为宜。在布置上要注意：房间背景要以温和、平静、温暖的色调为主色系，切不可选择阴暗或者特别艳丽的颜色。另外，在窗帘颜色上，以淡冷色系列为宜。光线进入室内要使人感觉温和，采用的色彩与阳光、环境相互融为一体。如外界光线不理想，可使用灯具来调节，要创造出一种温馨舒适的良好氛围，使来访者的心情得以放松。窗帘以两层为宜，可以选择伴有纱帘的样式。纱帘为乳白色半透明、花纹简单为宜。墙壁颜色要与沙发颜色形成对比。在地面的装修上，切忌直接使用房间的原始地面，以使用木质地板或者仿木质地板为宜。

个体心理咨询室应配备一个资料柜，以供存放心理咨询有关资料。在沙发选择上，应以质地柔软舒适、线条简洁的单人沙发为宜。两个沙发之间不要有遮挡物，这样便于心理咨询师观察来访者的肢体语言。将硬质材料的沙发放在心理咨询室是绝对不可取的，硬质材料的沙发会对来访者心理造成紧张，使之形成防御心理，从而影响员工前来咨询的愿望。不要随意变换沙发的位置，确保沙发位置的固定，尽量减少在咨询中的干扰或可变因素。考虑到心理咨询室家庭治疗的功能，也可以选择“1+3”的组合沙发。此外，可另配置一个长沙发或躺椅，以便给情绪激动的来访者舒缓平复的空间，以及供催眠咨询使用。选择与整个房间颜色相互协调的茶几，以便摆放水杯和纸巾盒等，摆放位置以取用方便为宜。茶几要保持干净，不要放杂物；如果乱放物品，不仅会拉开双方的距离，而且会阻碍双方的交流，不利于良好咨询关系的建立。应配备无声类型的钟表，摆放在咨询师易于观察的位置，有利于咨询师掌握时间。在有光处可放置生长良好的绿植，避免置于没有光线、阴暗的位置。心理咨询室必不可少的是一幅优雅、使人看起来心情舒适的心理挂图，适宜的挂图能使人开阔遐想的空间，令人心情舒畅。如果条件允许，可用音乐播放器播放背景音乐，选择一些听起来让人心情舒缓的音乐，以调节来访者的情绪和咨询氛围。在咨询中，经来访者同意，可以使用录音笔进行辅助咨询。可配备饮水机、空调等室内电器，以便让来访者感受到温暖。

3. 团体心理辅导室建设要求

团体心理辅导是在团体情境下进行的一种心理咨询形式。团体心理辅导室是为广大员工以小组或集体的方式，组织同类型问题的员工进行团体心理讲座、游戏活动、交流互动，培养集体情感，促进员工获得成长与提升的场所。

（1）团体心理辅导室的装修。团体心理辅导室作为开展团体心理辅导、集体活动、心理素质培训、拓展训练的场所，可选用宽敞、明亮同时又较为安静、隐蔽的房间，房间面积为50～60 m^2。总体布局采用轻松、活泼的风格。活动场所要有足够的、灵活的活动空间，并与其他功能室有一定的距离。地板可用耐脏及易清理的复合地板，方便开展室内游戏活动。墙面的背景色彩建议以暖色系为主，如淡粉色、浅黄色等。

（2）团体心理辅导室的设备配置。应配备多套桌椅，桌椅可以自由移动，这样方便相关活动的开展。团体心理辅导室需要配备可移动的多媒体设备和组合式音响。由于多媒体设备的多功能性，可以满足团体心理辅导的多重需求，组合式音响的声音播放效果远远高于普通音响，在对员工进行放松和催眠训练中有较大的用处。团体心理辅导室应配备空调。墙壁挂上心理挂图及《团体活动契约》。屋内适当摆放绿植，会使团体活动更加生机勃勃。

（3）团体心理辅导室的办公器材配置。团体心理辅导室不需要太多的办公器材，配备一个档案柜、一块可移动的黑板或白板、团体活动器材箱、投影仪、笔记本电脑、办公桌椅即可满足需要。

4. 沙盘治疗室建设要求

沙盘治疗又称“箱庭疗法”“沙盘游戏疗法”，是由英国儿科医生劳恩菲尔德（Margaret Lowenfeld）首创的世界技法（the world technique）发展而来。它通过主动想象和创造性象征游戏的运用，制造从潜意识到意识、从精神到物质，以及从口语到非口语的桥梁，激发出自我控制、自我完善、自我成长的动力。因此，其功能室建设有特殊的要求。

沙盘治疗室推荐配备洗手池，沙箱、细沙、沙具和摆放沙具的柜子，每个沙箱配备两把椅子，以供心理咨询师和来访者在做箱庭治疗的时候同时使用。

沙盘治疗室应选用明亮且较为安静、隐蔽、宽敞的房间，面积为20~30 m^2。沙盘治疗室布置应较为简单，整体感觉要温馨、自然，不要有压迫感。地板可用耐脏及易清理的复合地板，方便开展室内游戏活动之后的清洁。墙面的色彩应以暖色系为主，如淡粉色、淡黄色等。窗帘选择集半透明的窗纱和遮光帘双重效果的为佳。

5. 心理宣泄室建设要求

心理宣泄室是缓解与释放员工心理压力和情绪发泄的场所，它使员工将心中的负性情绪发泄出来，可以避免个体将负性情绪转移到工作、生活中，带来不必要的损失。心理宣泄室配备专业的宣泄器材，来访者可在安静可控的空间中借助器具，击打或呐喊，宣泄负面情绪，体验宣泄带来的舒畅感觉，会有效地预防和解决来访者的心理问题，促进心理健康水平的提升。心理宣泄室可以同时具有宣泄、放松两个功能分区，

实现两种不同功能，进而帮助来访者缓解各种压力和负面情绪。

心理宣泄室的装修应以安全、舒适为前提，室内空间应为15~30 m^2，不宜太小。墙体离地2 m的高度要求软包，颜色基调以深色为主，比如黑红色或深蓝色，这样可以激发来访者的压抑情绪，将负面情绪尽情地发泄。天花板和地面采用冷色调，可给人和谐、平静的感觉，有利于发泄后情绪的平复。宣泄室要设置单向玻璃，便于咨询师观察室内情况，以防万一。

6. 音乐放松室建设要求

音乐放松是一种非常有效的非药物心理治疗辅助手段，旨在借助音乐帮助来访者将自我肯定的信息输入潜意识，消除负面情绪，有效地改善脑电波的振动频率、强化大脑的功能，从而达到有效放松、缓解疲劳之目的。

音乐放松室的装修及设备配置。音乐放松室面积为15~20 m^2，装修风格以淡雅、柔和、温馨为宜。音乐放松室可以配置音乐按摩椅和生物反馈仪两种设备。舒适的按摩伴随优美的音乐，能让身心得到彻底的放松，使人感到无限的舒畅。生物反馈仪运用心理学原理、生物反馈技术和心理调试技术研制而成，通过高科技仪器，形象、灵敏地显示受测者心率水平、血氧饱和度等变化情况，并在个体生理稳定、心情放松后给予视觉的展示和鼓励强化刺激。经过多次学习、训练和操作，可以让受测人员脱离仪器，自如控制自我生理节律，缓解不适，达到减压目的。音乐放松室内需要摆放桌椅、挂钟、心理挂图、绿色植物。还可摆放一些心理健康类的漫画和杂志，以便来访者阅读和自我调适。此外，也可放置一个布艺沙发或单人小沙发，让来访者能听听轻音乐、看看漫画、看看杂志。

7. 心理测评室建设要求

心理测评室中的即时测试功能主要是对企业内少量员工进行心理测评使用，而同时对大批员工进行的安全心理测试要通过答题卡、试卷测试或者去微机室进行。心理测评室面积一般为25~40 m^2，最好选在安静独立的位置，避免员工在进行心理测试过程中被噪声干扰而影响测试结果的准确性。心理测评室墙面宜选用白色、淡绿色、米色或浅黄色。

心理测评室应配备电脑、打印机、光标阅读机、配套的桌椅、文件柜。需要配有相应的心理量表和专门安装心理测评软件系统的电脑；配备一个办公桌，至少两把椅子；设置两幅壁画，至少一盆绿色植物；门外悬挂心理测评服务项目展示板。

8. 心理阅览室建设要求

心理阅览室是心理图书资料的专用阅览室，可供煤矿员工、家属和心理咨询师阅读使用。心理阅览室为员工及家属提供了安全心理方面的书籍和资料，也为心理咨询师提供了学习的场所。

心理阅览室主体装修风格以安静、简约为宜，墙面最好选择浅色调（如淡绿色），室内面积可根据具体条件而定。主要配置有：立式书柜、书架、长条式书报架、阅览时用的桌椅等。心理阅览室中可配备安全管理学和安全心理学方面的书籍、报刊，也可放置帮助员工提升心理素质、促进个人成长的书籍。可配置音乐播放设备，用于营造良好的阅读氛围。室内应摆放绿植。

9. 档案资料室建设要求

档案资料室承载着对安全心理咨询组织机构各种资料的收集和档案的建立功能。除了大规模的心理测评和建档之外，还应该注意对安全心理咨询组织机构日常资料的收集和整理，包括咨询预约记录表、咨询记录表、心理普查资料、咨询案例分析资料、安全咨询中心的各种计划与总结等。

档案资料室建设应以安全、实用、方便为原则。位置要选在远离易燃、易爆、有空气污染的区域。档案资料室要远离卫生间、盥洗间、热水房等潮湿的地段。档案资料室严禁烟火，严禁使用明火照明，要在明显处悬挂“严禁烟火”警示牌。应配备气体灭火器或干粉式灭火器，存放的位置要便于取放，应及时更换已到保质期的灭火器。要控制好档案资料室的温度和湿度，温度一般为14～24 ℃，相对湿度为50%～65%。有条件的档案资料室应安装空调。要注意档案资料室的保密性，应安装防盗门窗。注意文件防虫、防鼠保存。

（五）安全心理咨询组织机构制度建设标准

制度，也称规章制度，即要求组织及其成员共同遵守的规章或准则。

制度在安全心理咨询组织机构运行过程中具有重要的作用，具体体现在以下三个方面：

1. 制度具有规范性、合法性

制度是对安全心理咨询组织机构工作程序的规范化要求，是岗位责任的法规化要求，同时，制度也是安全心理咨询组织机构管理方法科学化的体现。安全心理咨询组织机构制度的制定必须以国家和地区的政策、法律、法令为依据。制度本身要有程序性，为组织开展安全心理咨询相关工作提出可供遵循的依据。

2. 制度具有指导性、约束性

安全心理咨询组织机构的制度对于相关人员进行什么样的工作以及相关人员如何开展工作等都有一定的指导作用，同时对相关人员不能做什么、违背制度会受到什么惩罚等，都有具体规定，这体现出了安全心理咨询组织机构制度的指导性和约束性。

3. 制度具有激励性、鞭策性

安全心理咨询组织机构制度在制定后要对煤矿全体人员进行公示，包括发送书面文件或者将文件张贴在工作现场，随时鞭策和激励有关人员遵守规则、努力工作。

为了保证安全心理咨询组织机构的正常运行及良性发展，其制度体系需要不断完善，各项规章制度也需要得到切实的执行。一是要及时清理及修订规章制度。按照横向到边、纵向到底的原则，对于内部制度，要不断修订、废止、更新，并分门别类地汇编成册，形成一套完整的制度体系，确保制度的完整性、有效性、适用性和可操作性。二是强化检查考核，提高制度的执行力。即对于出台的各项规章制度，要定期进行落实情况的检查和考核，坚决维护制度的刚性约束力，严格制度执行，加大问责力度，建立起用制度管人、管事、管权的安全心理咨询机构运行的长效机制。

煤矿安全心理咨询组织机构规章制度主要包括管理规范和技术规范两类。

所谓安全心理咨询组织机构管理规范，是为保证心理咨询组织机构的活动，适应煤矿管理特性，实现有效组织、协调、控制所制定的管理标准。其目的在于防止组织活动紊乱，干扰有序运行，影响效能发挥。

管理规范可采用工作标准的文本格式，内容具体，条目清楚，便于操作。基本内容分为总则、分则、附则三个部分。

总则部分：包括工作的宗旨和指导思想、工作的原则、工作任务、工作目标等。

分则部分：包括管理体制，组织机构，运行模式，咨询范围与对象，咨询工作内容，咨询人员标准与职责，设施、设备配备与使用，经费来源与支出，咨询工作程序，咨询工作计划与总结，从业人员培训与督导，工作情况检查与评估，奖励与处罚。

附则部分：包括规范的解释权、规范适用起始时间。

通过制定管理规范，完成整体工作运行状态设计，提出运行中的常见问题处理与冲突解决措施，使煤矿安全心理咨询中心管理工作具有科学的标准。

所谓安全心理咨询组织机构技术规范，是为安全心理咨询技术科学应用制定的技术标准。目的在于指导和规范咨询活动，提高技术应用能力和水平。具体可以采用技术标准的文本格式。基本内容包括：设施、设备技术标准，心理健康教育技术标准，心理测量技术标准，心理诊断与评估技术标准，心理咨询方案技术标准，个体咨询（访谈）实施技术标准，团体咨询技术标准，心理治疗技术标准，心理干预技术标准，应急谈判技术标准。在标准制定过程中，应尽量参考国家有关心理咨询技术性规范，通过制定技术标准，确定煤矿安全心理咨询技术应用水平，指导咨询操作活动。

（六）安全心理咨询组织机构的运行标准

安全心理咨询机构运行的基本要求是做到规范化。所谓规范运行，可以有两种解释：一种解释是指活动过程，即指按照有关规定和基于实践的需要而形成的统一标准或准则，去组织引导安全心理咨询活动的方式和过程。另一种解释是，安全心理咨询活动过程中，表现的管理动态有序和技术应用符合标准的程度，以及根据安全心理咨询活动的客观需要，结合安全心理咨询的技术要求，安全心理咨询机构运行要素的配置应达到相应程度。

煤矿企业安全心理咨询组织机构规范化运行应具备以下10个特征。

1. 队伍专业化

专（兼）职安全心理咨询师队伍应具有心理咨询专业资质，咨询人员队伍呈梯队结构，人员数量应视煤矿员工规模而定，以满足实际咨询任务量为宜。

2. 组织网络化

安全心理咨询机构与组织建设，既要体现咨询工作的专业性，又要适应煤矿管理的特殊性。安全心理咨询工作可实行三级网络制，即矿级安全心理咨询中心咨询、科队级兼职安全心理咨询员咨询和班组级安全心理咨询自愿者咨询。

3. 设施标准化

设施建设是开展安全心理咨询的必要条件。如前文所述，咨询中心应配备预约接待室、办公区、个体咨询室、团体活动室、宣泄室、沙盘室、测量室、阅览室等。

4. 设备现代化

安全心理咨询中心及各功能室，应配备专用计算机、打印机、咨询管理软件、心理测量软件；配备必要的办公设备和用具，具备独立开展测量、档案管理、资料汇总分析的工作条件。安全心理咨询中心与各功能室计算机联网，便于及时处理各类测量结果和资料汇总与研究。

5. 管理科学化

具体工作制度健全，执行到位；分工明确，责任到人；记录详细，档案完整；年初有规划，年末有总结，日常有检查；诊断有依据，咨询有方案，治疗有措施，效果有反馈。将安全心理咨询工作纳入煤矿常规管理范围，可使人、财、物得到充分保障，各要素实现有机结合，各种资源得到充分利用。

6. 咨询常规化

安全心理咨询中心各功能室应保持经常开放，形成常态化工作模式。对安全心理咨询技术应用范围内的来访者及时接待，适时咨询。对咨询技术应用范围以外或因技术水平所限，无力咨询的来访者，及时转介。

7. 形式多样化

在以安全心理咨询室为主的前提下，充分利用电话、书信、广播、电视、网络、宣传栏等载体，进行形式多样的咨询活动，使咨询活动贴近煤矿员工的生活，提高认同度。

8. 方法技能化

能有效运用专业技术进行心理测量、心理诊断、心理咨询（访谈）、心理治疗、心理干预。适时进行专业性心理状况调查、研究，提出专业分析报告。

9. 教育系统化

有效开展安全心理教育。按对象分为一线员工安全心理教育和管理人员安全心理教育；按内容分为普及教育、深化教育、针对教育；按目的分为释疑教育、指导教育、预防教育、强化教育。

10. 工作协调化

安全心理咨询中心与煤矿其他组织机构工作相互协调、相互支持、相互配合。根据咨询工作情况，必要时应与有关部门联系，沟通情况，提出建议。在遵循心理咨询原则的前提下，独立开展工作过程中，将安全心理咨询机构打造成为煤矿管理工作的重要组成部分。

为促进安全心理咨询组织机构规范化运行，煤矿应对安全心理咨询组织机构的运行效能加以界定和评价。安全心理咨询组织机构运行效能，是各要素相互作用、常规运行产生的功能与效果的综合体现。对于运行效能的界定，既是具体工作的预期，又是实践的追求，还是综合评价的标准。

实践中，可以建立相应的指标体系，作为工作要求和评价标准。具体可分为项目评价指标、综合评价指标和效果评价指标。

（1）项目评价指标。

① 心理测评数量。统计年度内心理测评人次之和，表示某年度完成心理测评工作总量。

② 集体会诊数量。统计年度内集体诊断次数之和，表示某年度内疑难案例接诊量和咨询人力资源利用情况。

③ 个案咨询接待量。统计年度内接待咨询人次之和，表示某年度内完成个案心理咨询工作总量。

④ 团体咨询接待量。统计年度内进行团体咨询次数之和，表示某年度内完成团体咨询工作总量。

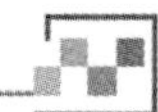

⑤ 咨询方案适用量。统计年度内制订的咨询方案数量之和，表示年度内严重心理问题接诊数量，以及咨询活动的科学系统程度。

⑥ 专（兼）职安全心理咨询工作人员平均数量。统计年度内从事咨询工作人员平均人数，反映咨询队伍建设及变动情况。

（2）综合评价指标。

① 咨询覆盖率的计算公式：

$$咨询覆盖率=\frac{接受咨询人员总数（复诊者不计入）}{所属人员总数}\times 100\%$$

② 复诊率的计算公式：

$$复诊率=\frac{连续两次以上接受咨询人数}{接受咨询人员总数}\times 100\%$$

③ 咨询有效率的计算公式：

$$咨询有效率=\frac{心理问题解决的人数}{接受咨询人员总数}\times 100\%$$

（3）效果评价指标。

① 同比“三违”降低程度的计算公式：

$$同比“三违”降低程度=\frac{基期员工“三违”总数-报告期员工“三违”总数}{基期员工“三违”总数}\times 100\%$$

② 同比人为事故降低程度的计算公式：

$$同比人为事故降低程度=\frac{基期人为事故总数-报告期人为事故总数}{基期人为事故总数}\times 100\%$$

③ 同比工作效率提高程度的计算公式：

$$同比工作效率提高程度=\frac{报告期工作效率-基期工作效率}{基期工作效率}\times 100\%$$

二、常村煤矿安全心理咨询中心建设与运行

为了确保煤矿企业和谐健康有序发展，有效、便利、科学地解决煤矿职工的心理问题；矫正由于员工不良心理状态而导致的不安全行为；提高员工安全绩效和规避风险的能力，2013 年 1 月，常村煤矿成立了以

矿长和矿党委书记为组长的领导机构，下发专门文件，借鉴国内其他企业和高校的经验，进行安全心理咨询中心建设，历经八年，无论是硬件建设还是软件建设都成绩斐然，现追述如下。

（一）安全心理咨询中心功能场所展示

1. 安全心理咨询中心导示牌（图 3-1）

图 3-1　导示牌

2. 安全心理咨询中心接待室（图 3-2）及其配置（表 3-1）

图 3-2　接待室

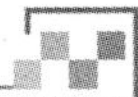

表 3-1　常村煤矿安全心理咨询中心接待室配置

序号	类别	物品名称	描述	单位	数量
1	基本配置	窗帘、布艺沙发	以浅色、淡色为宜	套	1
		电话	心理服务热线电话	部	1
		茶几	普通家用茶几，放置宣传物品	个	1
		心理挂图、规章制度	加强来访员工对咨询中心的了解以及心理放松的作用	幅	3
		钟表	使用静音的钟表	个	1
		书架	简约款，实木五层	个	1
2	其他配置	饮水机	配有纸杯若干	台	1
		绿植	营造温馨舒适的室内环境	棵	5
		电脑		台	1

3. 安全心理咨询中心个体辅导室（图 3-3）及其配置（表 3-2）

图 3-3　个体辅导室

表 3-2　个体辅导室配置

序号	类别	物品名称	描述	单位	数量
1	基本配置	窗帘、单人布艺沙发	以浅色、淡色为宜，沙发柔软舒适，风格简约	个	2
		小茶几		个	1
		心理挂图	挂图要适宜，让人看起来心情舒畅	组	1
		钟表	无声钟表，供咨询时查看时间	个	1
		落地灯	光线柔和，亮度可调	台	1
2	其他配置	体感音乐躺椅	星空投影仪、控制器、体感音波放松躺椅	个	1
		饮水机	配有纸杯若干	台	1
		绿植	营造温馨舒适的室内环境	棵	2

4. 安全心理咨询中心团体辅导室（图 3-4）及其配置（表 3-3）

表 3-4　团体辅导室

表 3-3　团体辅导室配置

序号	类别	物品名称	描述	单位	数量
1	基本配置	多媒体设备	安装多媒体设备（投影机、音箱、话筒、DVD、控制台及控制设备）；书写白板	套	1
		团体活动桌椅	可自由组合的活动桌椅	组	8
		心理挂图	挂图要适宜，让人看起来心情舒畅	组	2
		钟表	无声钟表，供咨询时查看时间	个	1
2	其他配置	绿植	美化环境，营造温馨氛围	棵	2
		地面	采用运动地板，耐磨、防滑、隔音		
		团体活动器材	为开展活动提供必备的道具	个	2

5. 安全心理咨询中心心理测量室（图 3-5）及其配置（表 3-4）

图 3-5　心理测量室

表 3-4　心理测量室配置

序号	类别	物品名称	描述	单位	数量
1	基本配置	电脑、打印机		台	各 1
		测评软件，光标阅读机		套	1
		文件柜	可以上锁的柜子，存放测评用资料	个	3
		心理挂图、规章制度	挂图要适宜，悬挂测量室管理制度、工作原则、服务项目等	组	3
2	其他配置	绿植	美化环境，营造温馨氛围	棵	1

6. 安全心理咨询中心宣泄室（图 3-6）及其配置（表 3-5）

图 3-6　宣泄室

表 3-5　宣泄室配置

序号	类别	物品名称	描述	单位	数量
1	一般配置	宣泄人	军用塑胶材料、不倒、特殊设计	个	1
		宣泄人脸谱	不同表情、职业，适合有目的对象的发泄	个	5
		充气泵	电动充气设备	台	1
		宣泄棒	军用塑胶材料	根	2
		宣泄抱枕	专业设计，可摔、打、踩、踢	个	2
2	基本配置	宣泄手套	真皮手套	副	1

表3-5(续)

序号	类别	物品名称	描述	单位	数量
2	基本配置	打气筒	充气设备（带压力表）	个	1
3	其他配置	配件	转接头、专用扳手等	套	1
		充沙不倒翁	用于配合拳击手套和充气槌使用，底座重 100 kg	个	1
		表情不倒翁	打击后可发出声音及各种表情	个	1
		地面	切忌硬、滑材质		

7. 安全心理咨询中心督导室（图3-7）及其配置（表3-6）

图 3-7　督导室

表 3-6　督导室配置

序号	类别	物品名称	描述	单位	数量
1	基本配置	会议桌		张	1
		会议椅		把	9
		心理挂图	内容适宜，美观大方	幅	3
2	其他配置	绿植	美化环境，营造温馨氛围	棵	1

8. 安全心理咨询中心心理阅览室（图 3-8）及其配置（表 3-7）

图 3-8　心理阅览室

表 3-7　心理阅览室配置

<table>
<tr><th>序号</th><th>类别</th><th>物品名称</th><th>描述</th><th>单位</th><th>数量</th></tr>
<tr><td rowspan="5">1</td><td rowspan="5">基本配置</td><td>多格书柜</td><td rowspan="2">款式简约，颜色清淡</td><td>组</td><td>2</td></tr>
<tr><td>落地书架</td><td>个</td><td>9</td></tr>
<tr><td>图书</td><td>关于心理学的书籍、杂志</td><td>册</td><td>500</td></tr>
<tr><td>休闲转角沙发</td><td>布艺的，组合套</td><td>套</td><td>1</td></tr>
<tr><td>心理挂图、规章制度</td><td>挂图要适宜，悬挂阅览室管理制度及守则</td><td>组</td><td>3</td></tr>
<tr><td rowspan="3">2</td><td rowspan="3">其他配置</td><td>绿植</td><td>美化环境，营造温馨氛围</td><td>棵</td><td>1</td></tr>
<tr><td>空调</td><td></td><td>个</td><td>1</td></tr>
<tr><td>报纸架</td><td>浅色，简约型</td><td>个</td><td>1</td></tr>
</table>

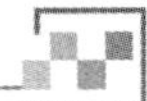

9. 安全心理咨询中心档案资料室（图3-9）及其配置（表3-8）

图3-9　档案资料室

表3-8　档案资料室配置

序号	类别	物品名称	描述	单位	数量
1	基本配置	桌椅		组	1
		文件柜	可以上锁的柜子，需专人负责	个	5
		心理挂图及制度	档案室管理制度及工作原则	组	3
2	其他配置	绿植	美化环境，营造温馨氛围	棵	1

10. 安全心理咨询中心沙盘治疗室（图3-10）及其配置（表3-9）

图3-10　沙盘治疗室

表3-9 沙盘治疗室配置

序号	类别	物品名称	描述	单位	数量
1	基本配置	沙具	各种不同材质、不同类型的微缩物品，材质优良，做工精细，形象美观	个	2000
		实木沙架	六层平板天然实木，环保耐用，结构稳固，色泽金黄，富有生命力，美观大方	个	4
		标准沙箱	符合标准尺寸，实木制作，内侧为深蓝色，底部为浅蓝色，四条实木腿，结构稳定	个	1
		海沙	使用天然海沙	千克	30
		心理挂图及制度	治疗室管理制度及工作原则	组	3
2	其他配置	休闲桌椅	两把单人椅，一张小圆桌	套	1
		清洁工具	刷子、小簸箕、清洁液	套	3
		绿植	美化环境，营造温馨氛围	棵	1

11. 安全心理咨询中心放松室（图3-11）及其配置（表3-10）

图3-11 放松室

表3-10 放松室配置

序号	类别	物品名称	描述	单位	数量
1	基本配置	身心反馈训练系统	配备一个操作推车，一台操作电脑，一个可以同步的显示屏，信号采集器，调节体位的控制器、放松椅、电源线、系统安装盘	套	1

表3-10(续)

序号	类别	物品名称	描述	单位	数量
1	基本配置	脑波情绪检测训练凳	脑波感应器、充电器、遥控器	组	1
		音乐放松按摩椅	配备控制台、遥控器、音乐U盘	个	1
		单人休闲沙发	沙发颜色为浅色系，简单舒适	组	1
		心理挂图、规章制度	统一规格	组	3
2	其他配置	绿植	美化环境，营造温馨氛围	棵	1
		落地灯	光线柔和，可调节	台	1
		空调		个	1

12. 安全心理咨询中心心理自助室(图3-12)及其配置(表3-11)

图3-12　心理自助室

表 3-11　心理自助室配置

序号	类别	物品名称	描述	单位	数量
1	基本配置	压力与情绪管理系统	配备一台操作电脑、一个指夹式信号采集仪和一个加密狗	套	1
		注意力训练仪	备用训练盘	个	2
		哈哈镜	4面颜色不同的镜子	组	1
		心理自助系统	落地可触显示屏、加密狗	个	1
		心理挂图、规章制度	统一规格	组	3
2	其他配置	绿植	美化环境，营造温馨氛围	棵	1

13. 安全心理咨询中心综合展示厅（图 3-13）

图 3-13　综合展示厅

（二）安全心理咨询中心运行标准

常村煤矿安全心理咨询中心根据工作需要，建立了一系列涉及安全心理咨询的技术、道德、运行和日常管理的规章制度，并依据现实情况的变化，不断加以修订，多年来形成的制度如下：

（1）安全心理咨询中心工作总则（见附录一）

（2）安全心理咨询中心日常管理制度（见附录二）

（3）心理咨询师守则（见附录三）

（4）心理咨询师从业道德规范（见附录四）

（5）心理咨询师和来访者的责任、权利和义务（见附录五）

（6）来访者须知（见附录六）

（7）安全心理咨询中心值班制度（见附录七）

（8）安全心理咨询中心阅览室读者须知（见附录八）

（9）安全心理咨询中心团队活动契约（见附录九）

（10）安全心理咨询中心咨询预约登记表（见附录十）

（11）安全心理咨询中心来访者登记表（见附录十一）

（12）安全心理咨询记录表（见附录十二）

（13）安全心理咨询中心档案资料使用申请登记表（见附录十三）

（14）安全心理咨询中心功能室使用申请登记表（见附录十四）

（15）安全心理咨询中心参观接待记录表（见附录十五）

（三）安全心理咨询中心运行特点

历经八年建设，常村煤矿安全心理咨询中心已经发展为一个专业化的心理咨询服务机构，其在运行过程中彰显出如下特点。

1. 工作理念先进

安全心理咨询工作遵循“平等、真诚、热情、耐心、保密”的原则，树立了“企业好，员工才能好；员工好，企业才会更好”的服务理念。

2. 组织机构健全

为确保安全心理咨询工作取得实效，常村煤矿成立了以矿长和矿党委书记为组长的矿级安全心理咨询领导机构。安全心理咨询中心成立之初，隶属于煤矿安全监察处，目前，安全心理咨询中心已成为“一个中心，两个分站”的专业化部门，由负责安全的副矿长直接分管。安全心理咨询工作实行三级网络制，即矿安全心理咨询中心咨询、科队兼职安全心理咨询员咨询、班组安全心理咨询自愿者咨询。

3. 管理科学严密

安全心理咨询组织机构拥有完善的管理制度，并且能得到有效执行。咨询中心每年都制订详细的工作计划，每季度都有工作计划推进情况检查，年终进行详细的工作总结，认真评估本年度工作目标实现的程度。

建立了分管安全的副矿长每旬、每月听取安全心理咨询中心工作汇报制度，便于其对中心的工作及时给予指导。安全心理咨询组织机构重要事项均需经过矿长办公会议或矿党政联席会议研究决定。

4. 设施设备先进

“一个中心，两个分站”和多个功能室规模宏大，充分满足了日常安全心理咨询工作需要。中心拥有心理测评系统、智能心理预警系统、心理自助系统、智能互动宣泄系统、生物反馈训练系统、压力与情绪管理系统，脑波凳、注意力训练仪、音乐放松椅、智能呐喊宣泄仪、宣泄人、宣泄柱、宣泄球、宣泄棒、宣泄抱枕、哈哈镜等，拥有安全心理相关心理健康类图书一千余册。先进的设施设备为安全心理咨询组织机构的高效运行提供了充足的技术支持和有力的保障。

5. 咨询队伍专业

专业化的安全心理咨询队伍是开展安全心理咨询工作的前提和基础，常村煤矿安全心理咨询组织机构成立之初就把安全心理咨询师队伍建设作为重要任务来抓，高度重视心理咨询专（兼）职人员专业素质提升。坚持“走出去、请进来”的培养和培训路径，通过与辽宁工程技术大学等高校合作、选派专职人员到心理咨询专业机构培训、鼓励专（兼）职心理咨询人员考取心理咨询从业职业资格证书、聘请专家对安全心理咨询工作相关人员进行安全心理咨询技术培训等方式，培养了一支以专职为主、专兼结合的安全心理咨询工作队伍。目前，中心有10名国家二级心理咨询师，43名兼职心理咨询员，230名心理咨询服务志愿者。强大的安全心理咨询专业队伍，为全矿安全心理咨询工作的顺利开展提供了有力的人才保障。

6. 工作形式多样

安全心理咨询工作形式十分丰富，中心充分利用报纸、广播、电视、网络、宣传栏等媒体进行安全心理宣传，组织开展系统的安全心理教育，专业的个体心理辅导，生动的心理行为训练，全面的心理健康普查，智能的心理预警，定期的安全心理减压日、“5·25”心理健康日、“携手同行，预防自杀”世界预防自杀日活动，持续的“三违”心理三级管控等工作。形式多样的安全心理咨询工作符合煤矿安全生产的特点和广大煤矿职工的需要，受到了煤矿企业各级组织和广大员工、员工家属，以

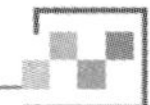

及煤矿社区居民的欢迎和广泛认同。

7. 教育培训系统化

安全心理咨询中心研发出了煤矿安全心理系列课程，开展全员安全心理知识教育培训；创新开展新工人心理辅导工作，为新工人开设健康安全管理课，把好员工入职第一关；充分运用《心理健康报》、微信平台、“智能心理预警平台”等媒介传播心理学知识，提升员工的心理健康素养；以“一个中心，两个分站”为阵地，采用知识讲座、团体辅导、拓展体验、心理沙龙等方式积极普及心理学知识，提高员工的认知水平，塑造员工的良好心态。

8. 协调配合顺畅

安全心理咨询不仅是安全心理咨询中心一个部门的工作，还涉及全矿的各个部门、科队和班组。在日常工作中，安全心理咨询中心坚持服务安全生产大局原则，经常向有关部门和单位通报安全心理咨询工作情况，主动把安全心理咨询工作与生产部门、安全管理部门、党群部门的工作对接，将心理关爱工作与党建、工会、团建、企业文化建设等工作有效融合，形成了全员关心、全员参与安全心理咨询工作的良好局面。

9. 运行成效显著

常村煤矿安全心理咨询中心成立八年来，在积极开展安全心理干预和心理疏导的同时，不断完善心理健康服务体系，搭建心理关爱服务平台，拓展心理健康服务领域，促进生命安全向健康安全、心态安全、心理安全和心灵安全延伸，为全矿职工及家属营造了一个爱的港湾，一个轻松、愉悦的安全心理培育环境，满足了员工及其家属的心理咨询需求。

常村煤矿实现了每年安全心理教育全覆盖、心理健康测评全覆盖、“三违”人员心理干预全覆盖、新职工健康安全管理教育全覆盖、事故心理干预有效率百分之百。经过不懈努力，员工的安全意识、心理健康水平、团队精神不断增强，幸福指数和成就感不断提升，“三违”发生率显著下降，确保了煤矿的安全生产及和谐发展。

八年来，常村煤矿安全心理咨询中心作为常村煤矿标杆引领型矿井的标志性窗口单位、集团公司安全心理咨询中心的示范点、山西省及国内煤炭行业第一家安全心理咨询专业机构，先后获得多项荣誉：被中华全国总工会授予“全国工人先锋号”、被山西省劳动竞赛委员会授予

“安康杯”竞赛优胜班组荣誉称号；2018年底，被山西省总工会确定为山西省职工心理健康示范基地；2019年，被中煤协会确定为全煤系统职工心理健康示范基地。

第四章　全员心理健康测评与智能心理预警

排查具有安全心理隐患的员工并及时进行干预，是MEAP的重要内容，也是有效控制“三违”现象、预防安全事故的一项基础性工作。常村煤矿开展MEAP以来，在排查具有安全心理隐患的员工并及时进行心理干预方面做了大量的工作，取得了显著的成效。本章主要对常村煤矿通过全员心理健康测评和智能心理预警系统排查出具有安全心理隐患员工的做法进行介绍。

一、全员心理健康测评

（一）心理测评概述

心理测评也可称为心理测验或心理测量，英语称为psychological evaluation,是依据一定的心理学理论，使用一定的操作程序，对人的能力、人格及心理健康等心理特性和行为确定出一种数量化的价值。

心理测评是判定个性差异的工具。个性差异包括很多方面，并可在不同的目的与不同的情境下去研究，这就使测评具有不同的类别和功用。心理测评的分类方式主要有以下几种。

1. 按照功能划分

（1）能力测验。“能力”一词，其含义颇为笼统。从心理测验的角度看，可将其分为实际能力与潜在能力。实际能力是指个人当前“所能为者”，即代表个人已有的知识、经验与技能，是正式与非正式学习或训练的结果。潜在能力是指个人将来“可能为者”，是在给予一定的学习机会时，某种行为可能达到的水平。有人把对潜在能力的测验称作能力倾向测验（亦称性向测验）。实际上二者很难分清。能力测验又可进一步分为普通能力测验与特殊能力测验。前者即通常说的智力测验，后者多用于测量个人在音乐、美术、体育、机械、飞行等方面的特殊才能。

（2）成就测验。主要用于测量个人或团体经过某种正式教育或训练之后对知识和技能掌握的程度。因为所测得的主要是学习成就，所以称之为成就测验，最常见的成就测验是学校中的学科测验。无论是成就测验还是能力测验，所测得的都是个人在其先天条件下经由学习的结果。不过成就测验多测量有计划的或比较确定的情境（如学校）中学习的结果，而能力测验（特别是能力倾向测验）则测量随意的或不大确定的情境中学得的结果，也就是在个人生活中经验累积的结果。

（3）人格测验。人格测验主要用于测量性格、气质、兴趣、态度、品德、情绪、动机、信念、价值观等方面的个性心理特征，亦即个性中除能力以外的部分。

2. 按照对象划分

（1）个别测验。个别测验每次仅以一位被试为对象，通常是由一位主试与一位被试在面对面的情形下进行。此类测验的优点在于主试对被试的行为反应有较多的观察与控制机会，对某些人（如幼儿及文盲）不能使用文字而只能由主试记录其反应时，必须采用面对面的个别测验。个别测验的主要缺点是不能在短时间内经由测验收集到大量的资料，而且个别测验手续复杂，主试需要具备较高的能力与素养，一般人不易掌握。

（2）团体测验。团体测验是在同一时间内由一位主试施测，必要时可配几名助手对多数人施测。此类测验的优点主要在于可以在短时间内收集到大量资料，因此在教育上被广泛采用。团体测验的缺点是被试的行为不易控制，容易产生测量误差。

3. 按照方式划分

（1）纸笔测验。测验所用的是文字或图形材料，实施方便，团体测验多采用此种方式。文字或图形材料的使用易受被试文化程度的影响，因而对不同教育背景下的人使用时，其有效性也会不同。

（2）操作测验。操作测验项目多属于对图片、实物、工具、模型的

辨认和操作，无须使用文字作答，所以不受文化因素的限制。此种测验的缺点有二：一是大多不宜团体实施，二是要花费大量的时间。

（3）口头测验。测验项目为言语材料。主试口头提问，被试口头作答。

以上几种分类都是相对的，是从不同的角度进行的分类，有时同一个测验可以归为不同的类别。

（二）心理健康测评

在 MEAP 工作中，以上各种类型的心理测评均可能涉及，但是在安全心理隐患排查中采用的主要是心理健康测评。因为，心理健康水平会影响个体的学习生活、人际关系、生产效率和劳动安全等诸多方面。通过心理健康测评，可鉴别心理处于边缘或异常状态的员工个体，有利于及早发现问题，及时进行干预和治疗，防止安全生产事故发生。

所谓心理健康测评，就是依照某种标准和规范，采用某种被认为能反映人的心理健康状况的标准化尺度，对人的心理行为表现进行划分，以推断其心理特征结构在健康维度上所处位置的方法。

1. 心理健康测评方法

（1）自然观察评估法。自然观察评估法是指观察者通过感官，在一定的时间内有目的、有计划地考察被试在完全自然条件下的行为和言语等，对考察结果进行判断。这种方法比较简便易行，实用性强，应用广泛，但量化水平比较低。

（2）作业量表法。作业量表法是按照标准的操作规程，用作业的形式引导被试根据刺激做出答案，测定其智能发展状况。作业量表法是心理健康测量中较为严格和成熟的一种测量方法。

（3）心理投射法。心理投射法可以分为墨渍测验和主题统觉测验。它通过呈现一定的刺激材料（一般是没有明确意义的刺激材料），让被试加以解释或者要求他们把这些刺激材料组织起来。这种方法的基本假设是：当一个人处在意义不明确的刺激情境之中时，其往往会把那种反映自己特有的人格结构强加于刺激情境。通过对被试的主观反应进行分析，从而推论出有关被试的个体人格结构特点。使用该方法的优点是：被试不受限制，可以任意做出反应。该方法的不足之处在于：评分缺乏客观标准，测验的结果难以解释；对特定行为不能提供较好的预测，如测验中发现某人有侵犯欲望，但是实际上这个人却很少出现侵犯行为；需要花费大量的时间。

（4）自陈量表法。要求被试通过自我评价的方法，对拟测量的个性特征编制若干测题，被试逐项给出书面答案，依据其答案来衡量评价某项个性特征。自陈量表法是心理测试中最常用的一种自我评定问卷方法，其不仅可以测量外显行为（如态度倾向、职业兴趣、同情心等），同时也可以测量自我对环境的感受（如欲望的压抑、内心冲突、工作动机等）。

以上这些测评方法各有所长。只有同测量的目的、对象等联系起来，测量方法的作用才能得到有效发挥。

2. 心理健康测评程序

心理健康测评的实施一般要经过三个阶段：

（1）准备阶段。即对评定者进行系统训练，选择合适的评定工具及评定场地，熟悉测量的结构、内容及其使用方法，准备好测量材料。

（2）填表阶段。自评量表项目前应有一段简短的指导语，说明评定主要目的、评定内容的范围、评定的时间界定、频度或程度标准、记录方法与要求。如受评者文化程度低，评定者可用中性的态度逐项念题，把项目本意告诉受评者。自评量表常常作为团体评定工具，受评者以10~20人为宜。他评量表的使用者一般为专业工作者，最好与受评者现场见面，经会谈取得准确证据。

（3）统计阶段。计算因子分和总分，并按量表使用手册要求，将粗分进一步换算成标准分或百分位。

3. 心理健康测评结果的解释

心理健康测评的结果需要通过解释才能获得确切的意义。而解释的过程就其本质而言，除对所测对象的特征及特征之间的关系进行因果说明之外，其主要的工作内容就是比较了。既然是比较，自然要有用作比较的对象或标准，这在心理健康测量学上被称为常模。常模是构成心理健康测验的核心要素之一。通常，科学的心理健康测量是要根据常模对测量结果进行解释的，正是以常模为标准，将抽象的测量结果分数跟常模中所划定的界线进行匹配，才能获得明确的意义。

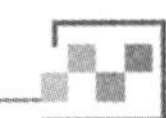

测量分数如何解释和主试的经验、心理测量学的知识和素养有关。主试一方面应对所做的测量（包括常模的代表性、信度、效度、难度等）了然于胸；另一方面应对被试的情况（如文化程度、工作内容、近期的生活情况等）有所了解；还要结合测量时的具体情况，如有无干扰、被试有无情绪波动和躯体不适等来做分析。测量结果的解释是一项技术性很高、责任性很强的工作，稍有不慎，就可能产生不良后果。如不能因为被试的抑郁、焦虑分或其他量表分高些，就简单地下结论：有抑郁症，有焦虑症，有神经衰弱……这样做是不负责任的，是不符合心理卫生要求的，也是不符合心理测量理论的。某一量表分高，只是提示有这种可能性，有这种症状，但并不说明一定存在某种心理问题，因为影响因素比较多。如测量时，若被试正面临竞争上岗，焦虑分势必比平时高些，在这种情况下，即使超出临界线也不能被贴上焦虑症的标签；若被试失去亲人或面临重大的挫折、损失，情绪会低落、消极，从而抑郁分上升，但也不能说一定是抑郁症。因此，在鉴别、诊断时切不可乱贴标签，应慎之又慎。

另外，还涉及主试如何向被试、有关人员或单位报告测试的结果。一般来说，主试不应把测试分数告诉被试和有关人员，而应告诉他们测试结果的解释和建议。直接报告分数会引起不必要的误解。做解释时应避免使用术语，而应用被试及有关人员熟悉的话语来说明。应以简洁的文字描述测量的内容、测量分数所代表的意义，对测量分数可能产生的误解及测量分运用等。

4. 心理健康测评的使用要求

心理健康测评的应用价值与其科学性密不可分。如果心理健康测评使用者忽略了它的科学性和严密性，那么，心理健康测评的各种滥用和误用会给社会带来不同程度的危害，同时，也会降低心理健康测评在公众心目中的地位。为此，中国心理学会于 1992 年 12 月通过了《心理测验管理条例（试行）》和《心理测验工作者的道德准则》，对心理测验主试人员的资格认定、测验的控制使用和结果解释等做了详细规定。特别是主试在心理健康测评使用过程中起着至关重要的作用。只有训练有素的心理测评工作者才能胜任这项工作。执行主试资格的严格审定程序，坚持心理测评专业人员职业资格高标准，可以从根本上防止滥用和误用心理健康测评。

为此，《心理测验管理条例（试行）》和《心理测验工作者的道德准则》对心理测评主试人员的资格认定做了具体规定。主试资格包含技术和道德两方面的要求。在技术方面，要求主试必须具备一定的心理测评专业理论知识和相应的专业技能，包括：

（1）心理专业的本科及以上毕业生或在心理测评专家的指导下，具有两年以上测验使用经验者，可获得测验使用资格。

（2）凡在心理测评专业委员会备案并获得认可的心理测评培训班，由本专业委员会颁发测评使用人员的资格认定书。

（3）凡经过心理测评培训班的专门训练并获得资格认定书者，具有使用测验的资格。

在职业道德方面则要求主试恪守测评工作者的职业道德。具有测评资格者要妥善保管测验器材，不得随便外传，不然会影响结果的真实性，还有可能引起滥用。必须严格按照测评指导手册的规定使用测验。必须选择适当的测验，并要采取一定的检查措施，测验使用的记录及书面报告应保存备查。在介绍测验的效能与结果时，必须提供真实和准确的信息，避免感情用事、虚假断言和曲解；应尊重被测者的人格，对测评中获得的个人信息加以保密，除非对个人或社会可能造成危害的情况，才能告知有关方面。应以正确的方式将所测结果告知被测者或有关人员，并提供有益的帮助和建议。

测试时，主试应以认真、耐心、友善、愉快、自然的态度对待被试，尊重被试，保护被试的合法利益（包括个人隐私权）；消除被试对测评的恐惧或怀疑，使被试对测评持认真、诚实、放松、自然、合作的态度。

5. 常用的心理健康测评量表

要对人的心理健康状况有个全面的了解，需要综合各个方面的测量结果，或者同时对众多心理健康问题进行测量。在这两者之间，似乎后者的应用更为普遍和方便，但必须有综合性的心理健康测验量表。迄今为止，国内外的心理学工作者已经开发出一些类似的量表，但大都有比较严格的专业技术要求，非专业人员不宜使用，如明尼苏达多项人格测验（MMPI）、康奈尔医学调查表（CMI）、YG性格测验等。

要测量自己的心理健康状况，及早地自我发现问题，进行早期自我心理调适，就需要使用心理健康自测量表。如自测发现有较大的问题，

可向心理咨询工作者咨询。自我心理健康测试的结果，是了解自己心理健康的顾问和参考。既不要把心理健康测量神秘化，也不要滥用心理健康量表。常用的心理健康自测量表有：精神症状简便自诊量表、中国人心理健康的自我检测、SCL-90 症状自评量表、精神症状自我评断量表等。

（三）常村煤矿全员心理健康测评

常村煤矿安全心理咨询中心把心理健康测评作为排查具有安全心理问题的员工，实行安全心理隐患提前预警、超前干预的重要手段。咨询中心每年都对全体员工进行一次心理健康测评。测评工作具体内容如下：

测评目的：筛查出可能有心理健康问题的员工，并加以干预。

测评对象：煤矿全体员工。

测评时间：每年 3 月。

测评方式：测评工作由安全心理咨询中心统一安排。各单位员工测评时，由安全心理咨询中心专职心理咨询员和员工所在单位的兼职安全心理咨询员共同组织和指导。

测评量表：采用 SCL-90 症状自评量表进行自评。测评前，安全心理咨询中心将 SCL-90 症状自评量表编印成测评手册，员工在答题卡上填涂答案，自评结束后统一收回测评手册和答题卡。SCL-90 症状自评量表介绍见附录十六。

测评结果统计与分析：安全心理咨询中心采用光标阅读机阅读的方式录入员工测评信息，运用心理测评软件自动统计和分析测评结果。为便于对测评结果进行统计与交叉分析，测评中，将参与测评的员工从 15 个方面（来源地、年龄、文化程度、政治面貌、婚姻状况、家庭状况、工作年限、工作性质、事故经历、岗位满意度、重大病史、同事关系、经济状况、幸福感和近亲中重大精神疾病史情况）进行了划分。

测评结果反馈：测评结果出来以后，安全心理咨询中心为每名员工打印输出一份，并分别装入信封。为保密起见，安全心理咨询中心专职心理咨询员应亲自到队组把测评结果发给每一名员工。在发放心理测评结果时，为帮助员工正确理解自己的心理测评结果，专职心理咨询员以队组为单位，就如何解读心理测评结果进行团体辅导。专职心理咨询员还应及时对员工就测评结果提出的疑问进行解答。除了将心理健康测评结果反馈给参加测评的员工之外，安全心理咨询中心还将显示为需要引起高度关注员工的测评结果反馈给员工所在队组的兼职心理咨询员，以作为日后安全教育、安全管理的重点对象。

心理访谈与咨询：心理测评结束后，根据测评结果，安全心理咨询中心安排专门人员对测评中筛查出的可能具有心理问题的员工进行心理访谈和咨询。对于可能存在中度以下心理问题的员工，心理访谈和咨询工作由队组兼职心理咨询员负责。对于可能存在中度及以上严重程度心理问题的员工，心理访谈和咨询工作由安全心理咨询中心专职心理咨询员负责。为做到准确诊断和有效干预，专（兼）职心理咨询员对排查出来可能存在心理问题的员工的心理访谈和心理咨询均采用面谈的方式进行。对于诊断为具有心理问题的员工，分别制订心理辅导方案，形成心理帮扶的长效机制，及时消除安全心理隐患，防止人因安全生产事故的发生。

撰写测评报告：撰写心理健康测评报告是全员心理健康测评工作中十分重要的一个环节。心理健康测评报告可以全面反映心理健康测评工作的组织过程、数据统计结果、对统计结果的分析，以及针对测评结果提出的意见和建议。测评报告是今后一年全矿进一步做好员工心理健康教育、安全心理教育和安全管理工作的重要依据。

心理健康测评报告是在全员心理健康测评和对可能具有心理健康问题的员工进行心理访谈、咨询工作基础之上形成的。报告的主要内容包括：心理健康测评的组织情况，如心理健康测评对象、使用的量表、主试和测评的时间及地点等；测评结果及解释，如被试群体心理健康总体水平及分析、不同类型员工在 SCL-90 症状自评量表上的差异比较及分析；依据测评结果对本单位进一步加强和改进安全心理相关工作的建议。

以 2018 年常村煤矿全员心理健康测评为例，全矿参与测评的员工 3873 人，剔除无效问卷，有效测评 3816 人，占被试总数的 98.53%。测评结果显示，自我感觉不佳程度在中度以上者 163 人，占有效被试的 4.27%。测评结束之后，安全心理咨询中心对测评结果进行了分析总结，对筛查出的可能存在心理问题的员工，在保护其隐私的前提下分别进行了心理访谈与咨询，以准确把握员工的心理健康状况，帮助员工更好地了解自己的心理特点，提升心理素质。

在心理健康测评之后，安全心理咨询中心还采用员工个人自述、班组长评价、同事互评、家属评价等方式进一步挖掘员工心理问题产生的原因。经过梳理，发现员工产生心理问题的原因主要包括：工作时间长、睡眠时间不足、工作岗位发生变化、发生家庭重大生活事件、产生健康问题、遭遇择偶问题等。结合全员心理健康测评结果及心理问题原因分析，安全心理咨询中心生成了员工安全心理预警报告。安全心理咨询中心和各队组针对预警报告制订了专业的辅导方案，实现了对有心理问题员工的超前预控，确保员工能够以健康的心态，全心全意、凝神静气地专注安全、专心安全、抓好安全。结合心理测评结果，心理访谈、咨询结果以及心理问题形成原因分析结论，安全心理咨询中心最终形成了《2018 年常村煤矿员工心理健康测评报告》（见附录十七），并将报告及时提交给煤矿管理层，以供进一步加强煤矿安全管理参考之用。

二、智能心理预警系统

为适应智能化矿井建设，高效率满足员工需求，经过积极探索，常村煤矿安全心理咨询中心开发出了智能心理预警系统。通过该系统，可以及时发现员工的不安全心理问题并有针对性地加以干预，实现了不安全心理预警及干预的智能化、一体化、科学化和高效化，有效加强了煤矿员工不安全心理问题的排查与管控力度，促进了煤矿安全管理水平的提升，为常村煤矿安全心理咨询中心保持全煤系统心理咨询工作的引领地位提供了技术支持，进一步强化了常村煤矿品牌化窗口单位的形象。常村煤矿智能心理预警系统结构及运行情况如下。

（一）系统创新特性

1. 运用大数据检测员工心理状况

本系统运用科技大数据手段，从生理、心理、行为全方位综合分析，超前预警具有不安全心理的员工，并做出相应的干预手段，目前是国内首家运用大数据检测安全心理状况的创新性心理系统。

2. 建立安全心理数据库

本系统融合世界最领先、最前沿、最具特色的高科技技术云、大数据BD、智能物联网IOT、无线RF多导生理传感器、3D立体图形等技术，建立了大数据安全心理数据库，为每一位用户搭建终身心理档案。

3. 行为模式数据化

将行为模式数据化，为减少以至杜绝人因事故提供分析依据与思路。

（二）总体设计优化

智能心理预警系统通过前台用户数据采集端采集员工生理、心理、行为数据，经服务器传输到安全心理咨询中心后台数据处理终端进行数据解析，达到预警值的会显示出预警提示，如图4-1。

系统总体架构由三种角色组成，分别为员工、分模块管理者、运营管理员。

1. 员工

通过手机端获得服务，主要使用活动通知、文章资讯、心理测评、视频学习等功能。

2. 分模块管理者

为团体数据收集抓手，提供此模块下属人员评价数据。

3. 运营管理员

对心理预警平台进行统一管理。包含信息管理、数据管理、监控管理、展览展示管理等功能。

（三）数据采集分析

数据采集是该预警系统最基础也是最重要的部分，只有从生理、心理、行为等全面了解员工的情况，并进行综合分析，才能准确对该员工近期的状态进行评估，进而做出正确的风险预警。所以，数据采集必须从生理基础数据采集、心理动态数据采集和行为事件数据采集三个维度入手。

1. 生理基础数据采集

（1）基本生理数据。系统正式运行前，人事部门将员工的性别、年龄、所在班组等个人信息录入系统，作为预警系统模型中员工基本信息模块。

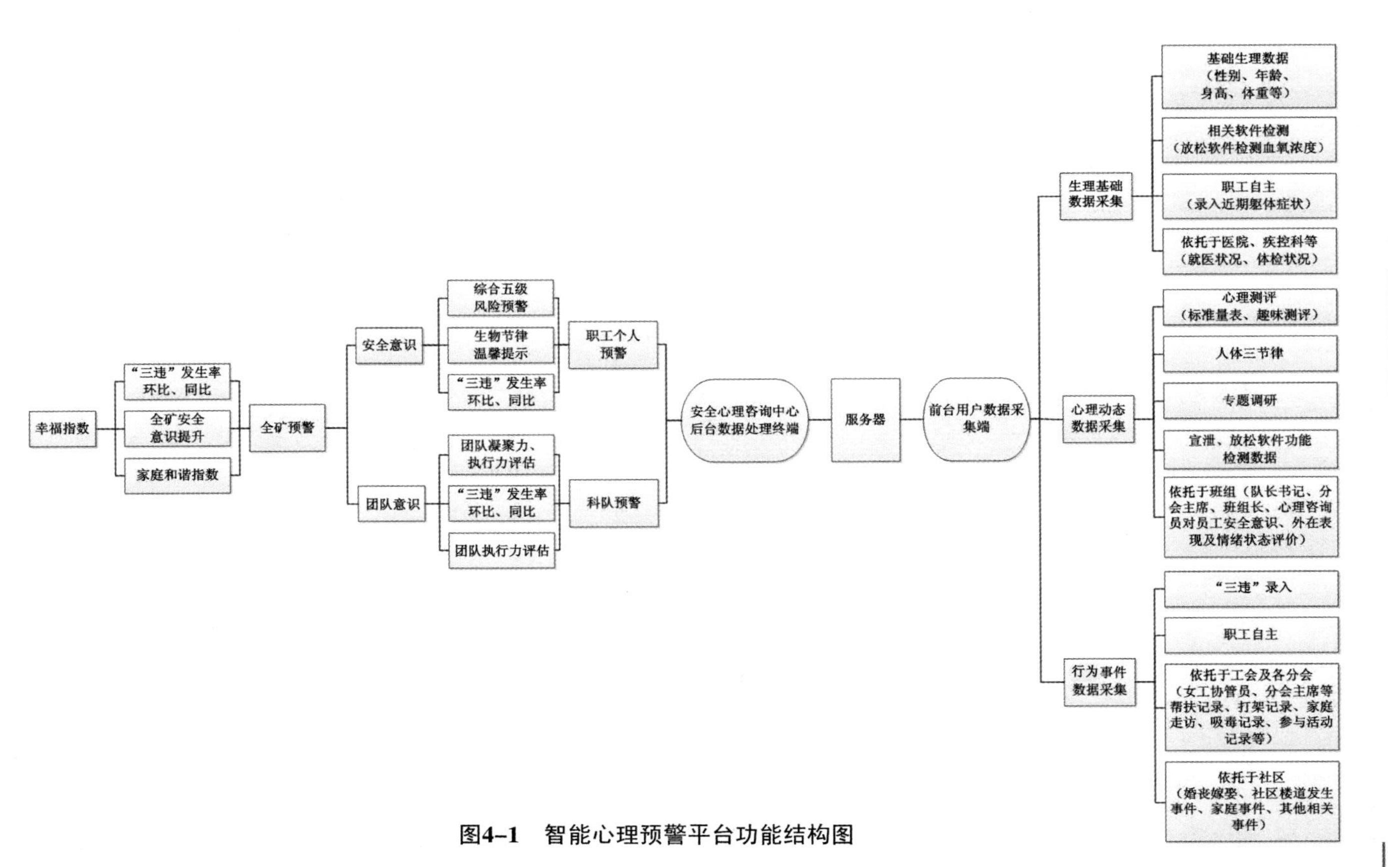

图4-1　智能心理预警平台功能结构图

（2）分类号数据。员工在每年第一次进行心理测评时，需要填写分类号信息（见表4-1），包括来源地、文化程度、家庭满意度、重大病史、与同事的关系等，共15项，作为员工基本信息的补充，同时也是心理测评分类对比的依据。

表4-1　分类号代码表

分类号第［1］位 您的来源地是：　1. 城市　　2. 农村

分类号第［2］位 您的年龄：

1. <30岁　2. 30—40岁　3. 41—50岁　4. >50岁

分类号第［3］位 您的文化程度：

1. 初中及以下　2. 高中　3. 专科　4. 本科及以上

分类号第［4］位 您的政治面貌：　1. 党员　　2. 群众　　3. 团员

分类号第［5］位 您的婚姻状况：　1. 未婚　　2. 已婚　　3. 离异或丧偶

分类号第［6］位 您对您的家庭：　1. 满意　　2. 一般　　3. 不满意

分类号第［7］位 您的工作年限：

1. <3年　2. 3—10年　3. 11—20年　4. >20年

分类号第［8］位 您的工作性质：

1. 安全生产　2. 辅助生产　3. 服务生产和机关

分类号第［9］位 您是否经历过事故（包括目睹他人经历生产事故）：1. 是　2. 否

分类号第［10］位 您对自己的岗位：　1. 满意　2. 一般　3. 不满意

分类号第［11］位 您有重大病史（如肝炎、肺结核、脑炎、难产、早产等）：

1. 否　2. 是

分类号第［12］位 您与其他同事的关系：　1. 好　2. 一般　3. 差

分类号第［13］位 您认为自己的经济状况：　1. 好　2. 一般　3. 差

分类号第［14］位 您觉得自己的生活幸福吗：1. 幸福　2. 一般　3. 不幸福

分类号第［15］位 您的近亲中是否有重大精神问题者（如自杀、精神病、神经症等）：

1. 是　2. 否

（3）人体生物三节律。员工第一次登录系统需要输入出生年月日，系统记录后会自动监测员工的生物三节律情况。人体生物三节律作为智能预警的维度之一，当员工处于危险性较高的双重或三重临界日时，系统会提示节律预警，同时，会以短信形式自动给员工发送温馨提示，提示员工注意近期情绪变化，适时调节。

（4）未来拓展端口。将员工的体检数据，包括通过整合心理咨询中心现有设备资源，将来访者的心率、脉搏、血氧饱和度等生理指标导入生理数据库。

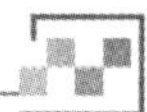

2. 心理动态数据采集

（1）自我测评数据采集。一是员工登录系统后，可查看到由安全心理咨询中心统一派发的任务清单，员工需要在规定时间内完成清单内指定的测试题。测试题重点分两类：一类是人格测试，其结果具有长期的参考价值；另一类是心理健康状态（情绪状况）测试，时效性较短。另一类是员工可自主选择焦虑、抑郁、心态等类型的量表进行自我测评。员工完成自我测评后，系统会根据测评结果，智能化推荐能促进自我疗愈的文章、视频等，供员工观看学习。

员工的自测数据纳入安全信息数据库，作为预警系统模型基础心理数据模块之一。

（2）班组评价数据采集。通过设置以下三类问题，班组长每日班前会时，将所在班组的员工心理、行为数据通过手机端全部录入系统，即时上传至大数据中心，作为预警系统模型最重要的心理分析数据模块之一。

① 安全、制度等意识：班组长对员工安全制度意识等方面评价；

② 情绪情感状况：班组长根据员工外在行为表现对其情绪状态评价；

③ 外在行为表现：班组长对员工行为状况进行评价。

（3）同事互评数据采集。同样设置“安全、制度等意识”“情绪情感状况”“外在行为表现”三类问题。同一个班组的同事发现另一个同事有问题时，也可选择登录系统对此同事进行评价，无特殊情况时可选择不评价。同事互评数据作为预警系统模型辅助心理分析数据模块之一。

（4）心理测评、调查问卷数据采集。安全心理咨询中心在“心理测评”模块发布测试计划，选取应用最广泛的 SCL-90 症状自评量表，每年对全矿员工进行一次心理健康普查。依托互联网强大的逻辑运算功能，能够实时生成个人和团体测评报告，并发出预警，是实现提前预警、超前干预的主要手段。

同时，安全心理咨询中心还会根据工作需要不定期发布一些调查问卷，作为对心理普查的补充，以便更全面地了解全矿员工的心理动态。

（5）未来可拓展端口。通过摄像监控系统进行人工智能图像识别，即时判断员工下井前的心理状态。

3. 行为事件数据采集

（1）“三违”行为数据采集。员工的“三违”记录作为重要的行为事件数据录入系统，是行为分析数据模块之一。“三违”行为发生，表示员工已经做出了不安全行为，存在很大的潜在风险，所以“三违”行为数据是系统智能预警的重要维度。

系统自动对“三违”员工进行指派处理。根据员工“三违”行为性质不同，一般性“三违”行为将自动指派至队组进行处理，处理后队组反馈处理结果；严重性“三违”行为会根据具体情况指派至队组处理或者指派至安全心理咨询中心进行“三违”个体咨询。

（2）未来拓展端口。依托于社区，采集员工生活事件，包括婚丧嫁娶等家庭事件；社区楼道等社区发生事件；老人生病、孩子读书等个人家人发生事件；其他相关事件等。依托于工会，将帮扶记录、打架记录、吸毒记录、参与活动记录等工会关注的信息，作为行为分析数据模块之一。

（四）预警评估集成分析

数据收集之后，最重要的就是对数据进行分析整合，建立风险评估模型，显示风险预警结果，并进行评估处置。如图4-2。

1. 风险预警

系统就用户端收集数据的问题，以及问题对应的关键词，选择任一或者多个关键词组成基本模型。对于组成模型的各个维度，根据具体情况，设置其权重占比和预警分值。

设立红、橙、黄、蓝、绿五色灯标示风险等级：

50分以下亮红灯，标示最高风险等级，具有产生风险的明显趋向；

51~60分亮橙灯，标示高度风险等级，可能引发严重风险问题；

61~70分亮黄灯，标示中度风险等级，容易引发一般风险问题；

71~90分亮蓝灯，标示轻度风险等级，具有引发问题的苗头性和倾向性；

91~100分亮绿灯，标示正常状态。

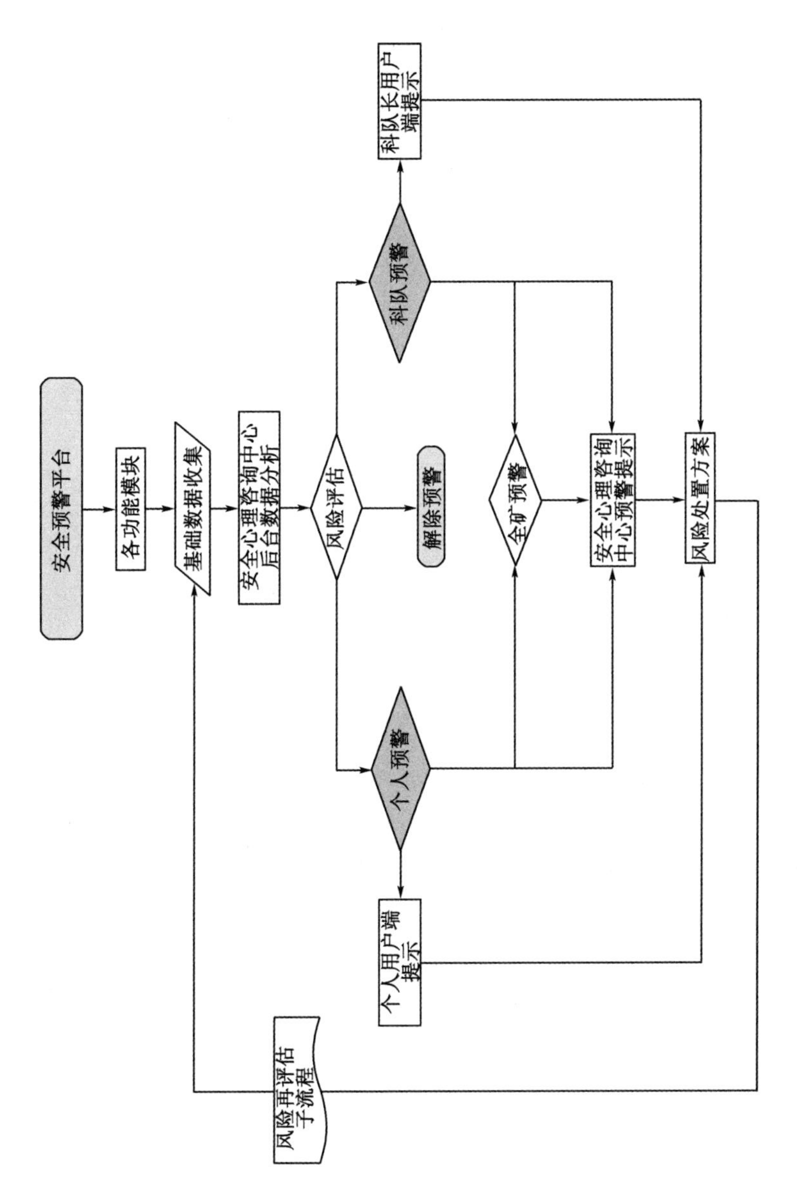

图4-2 智能心理预警平台业务流程图

2. 风险处置

（1）处置评估。

对于预警员工，可查询其预警维度来源及原因的相关信息，由安全心理咨询中心判断决定派发任务单至相关部门了解并处理。

对于红灯预警的员工，由相关负责人了解情况，并进一步核实诊断，根据结果做出相应对策，并将帮助状况填写至系统内。

对于橙灯预警的员工，由相关负责人了解情况，给予相应帮助，直属领导对其做好密切关注。

对于黄灯预警的员工，系统密切关注两天，持续两天黄灯预警，则上调至橙灯预警。

对于蓝灯预警的员工，进入系统关注名单，持续五天蓝灯预警，则上调至黄灯预警。

（2）预警人员再评估。

对于已经处置过并已填写处置反馈的预警员工，要求第二天进行自我测试一次，并根据相关负责人第二天的评估数据评估，最终两者综合决定是否将其降级。

（五）预警数据统计展示

数据综合分析结果链接可视化界面，以图像化形式实时、动态地呈现在显示终端屏幕上。

一是全矿心理健康水平、员工幸福指数。

二是预警人员列表。

三是队组或班组心理健康水平排名。

四是个人360°数据展示。

五是不同队组心理健康状态对比。

智能心理预警平台通过数据收集、数据处理、风险评估，将预警结果实时动态地显示在管理者后台，制订有针对性的干预方案，达到及时干预、有效预控的效果。

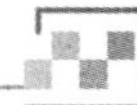

三、加强员工心理健康的几点启示

（一）优化企业管理，维护员工心理健康

通过优化轮班、轮休制度，增加班中休息次数，以及合理安排工作量等措施，努力缓解一线员工的躯体化症状；通过丰富工作内容，开展轻松愉悦的班组活动等方式，减轻一线员工的心理压力；营造和谐的企业文化氛围，减少员工之间的矛盾与冲突。调查结果显示，有轻生念头的员工比没有轻生念头的员工有更多的压力反应和更低的心理健康水平，对有轻生念头的员工的关注与把握关系到企业的安全生产和该类人群的生命安全。要努力为有轻生念头的员工提供支持性的工作环境，加强生命意识教育，以避免自杀现象和人因事故的发生；给予家庭经济困难以及与配偶关系差的员工更多的人文关怀，帮扶他们摆脱现实困境，提升心理健康水平。

（二）加强员工健康管理，提升心理健康水平

调查结果显示，身体健康和身患疾病的员工在心理健康方面存在显著差异。调查中还发现，在“最需要的服务”这个选项上，有64.5%的员工选择需要医疗及保健服务，有46.7%的员工希望企业能够组织休闲娱乐活动。所以，企业要采取有效措施加强员工的健康管理，积极为员工提供健康服务。比如，认真组织体检、经常组织开展体育活动、大力倡导健康的生活方式、印发健康知识手册、开展养生保健讲座培训等，通过这些活动不断提升员工的身体素质和心理健康水平，增强员工的幸福感。

（三）加强特殊年龄段员工的心理辅导工作

调查结果显示，30岁以下和40岁以上的员工会产生更多的压力反应和更严重的心理困扰，而30~40岁员工的心理健康水平相对来说较好。

这可能与30岁以下的员工还没有完全适应工作角色，而40岁以上的员工生活压力变大有关。安全心理咨询部门在开展安全心理咨询工作时，应重点关注这两个年龄段员工的心理健康状况，采取有针对性的措施帮扶这两个年龄段的员工调整因职业适应以及生活压力大等原因而产生的心理困扰，增强其自我心理保健能力，为其愉快生活和安全工作打下坚实的心理基础。

（四）进一步加强事故员工的心理帮扶工作

调查结果显示，经历过事故的员工比没有经历过事故的员工有更多的压力反应、更低的心理健康水平，这说明安全生产事故对经历者造成了很大的精神伤害。一般来说，在事故发生后，事故当事人以及亲历者会产生急性应激反应，大多数人在自我调适后，急性应激反应会逐渐减轻，直至恢复正常。有一小部分人会持续出现症状，如果超过一个月不缓解，并且影响了生活和工作，就要接受专业治疗。所以，当事故发生后，安全心理咨询人员应及时介入，帮扶事故经历者采取正确的方式应对急性应激反应，防止心理问题加重。对于那些已经出现心理问题的事故经历者，安全心理咨询中心应通过个体或团体心理辅导帮扶其解决心理问题。对严重程度已达到心理疾病程度的事故经历者，应及时转介到心理医院加以治疗。

此外，企业应进一步加强MEAP服务的力度，如在企业文化中增加健康文化元素，在企业培训中增加心理素质教育内容，更多地组织开展心理行为训练和个体心理辅导活动，利用网站、报纸、宣传手册等多种途径加大心理健康宣传力度等，以此促进广大煤矿员工提升心理健康意识，增强心理保健能力，提高心理资本，进而使煤矿安全生产水平得到进一步提升。

第五章　个体心理辅导

个体心理辅导是 MEAP 服务的重要途径之一。通过个体心理辅导可以有效预防及解决员工及其家属的心理问题，特别是解决违章心理问题，进而为企业安全生产提供安全心理保障。

一、个体心理辅导概述

个体心理辅导是一颗心与另一颗心的交流，是一种思想与另一种思想的沟通，是一种经验与另一种经验的相遇，是一种人格与另一种人格的碰撞，它能在有限的时空中激发无限的成长力量。

（一）个体心理辅导的定义

“心理辅导”一词是我国港台地区及国外心理健康教育活动中常用的概念。近年来，有些学者开始使用这一词，但其含义具有广泛性，多数情况下，把心理辅导与心理咨询两个概念互用，认为心理辅导就是心理咨询。实际上，心理辅导与心理咨询的对象、任务、内容、方法、手段各有侧重点。心理辅导关注来访者的未来，心理干预的重点是预防，根本目标是为防止未来问题的发生提供知识性、技术性服务。心理咨询关注来访者的现在，心理干预的重点是解决问题，实现发展；根本目标是改善来访者的心理机能，提高心理健康水平。由于两个概念在使用时各方面有很大程度的交叉和重叠，因此，多数时候都是在广泛意义上使用某个概念。

根据煤炭企业开展 EAP 服务的现实状况和实际需要，使用心理辅导的概念是慎重的选择。就定义和内涵而言，个体心理辅导是指心理咨询专业人员运用心理学的理论和技术，借助语言、文字等媒介，与来访者进行信息交流和沟通，帮助来访者预防心理问题的发生或消除现实的心理困扰与障碍，增进心理健康，发挥自身潜能，有效适应社会生活环境的过程。

（二）个体心理辅导的对象

个体心理辅导的主要对象可分为三大类：

1. 精神正常，但遇到了与心理有关的现实问题并请求帮助的人群

人们在现实生活中会面对许多问题，如婚姻家庭问题、择业求学问题、社会适应问题，等等。在面对上述自我发展问题时，每个人都需要做出理想的选择，以便顺利地度过人生的各个阶段。在这时，心理辅导专业人员或心理咨询师可以从心理学的角度，向他们提供心理学帮助。

2. 精神正常，但心理健康出现问题并请求帮助的人群

一些个体长期处在困惑、内心冲突之中，或者遭到比较严重的心理创伤而失去心理平衡，心理健康受到不同程度的破坏，尽管他们的精神仍然是正常的，但心理健康水平却下降许多，出现了不同程度的心理问题，甚至达到“可疑神经症”的状态，这时，可以寻求心理辅导与咨询。

3. 特殊对象，即临床治愈的精神病患者

心理辅导的对象包括精神不正常的人（精神病人）吗？不包括。可是，为什么精神病院里也有心理咨询和心理治疗呢？因为精神病人，即心理不正常的人，经过临床治愈之后，心理活动已经基本恢复了正常，他们已经基本转为心理正常的人，这时，我们不能再认定他们是精神病人，所以，在这时，心理辅导与咨询具备介入和干预的条件，可以帮助他们恢复社会功能、防止疾病的复发。但是，对于临床治愈后的精神病人进行心理咨询和辅导时，必须严格限制在一定条件之内。有时必须与精神科医生协同工作。

（三）个体心理辅导的任务

1. 认识内、外世界

我们的内部世界，是由以往积累的经验构成；我们的外部世界，却

是由活生生的、不断变化的现实构成。我们的内部世界，可以按我们的意志来编排；而我们的外部世界，却是不随我们的意志而改变的。内、外世界的冲突与矛盾，造成了个体的心理困扰，个体心理辅导可以通过帮助来访者认清自己的内、外世界，进而解决其心理困扰。

2. 纠正不合理的欲望和错误观念

心理辅导的任务之一就是协助来访者纠正自己的错误思维和观念，对于某些来访者来说，帮助他们总结自己的经验教训，让他们学会评估自己的思维、观念是否合理，不仅能够解决他们当前的心理问题，而且能够使他们看清未来的方向，从而为他们加速自我成长，由“自为地生活”发展到“自觉地生活”奠定可靠的基础。

3. 学会面对现实和应对现实

（1）面对现实。生活必须永远面对现实，这是生活的真谛。某些来访者的心理问题，可能是由不敢面对现实造成的。人们面对现实需要勇气，而逃避现实并不困难。他们用大部分时间懊悔过去、焦虑未来，就可能忽略当下，并带来困扰。为此，心理辅导的重要任务之一，就是帮助来访者回到现实中来。

（2）应对现实。有勇气面对现实，只是学会生存的第一步。更重要的是以什么方式、方法去正确应对现实。人对现实事件的反应，大致有感性反应、理性反应和悟性反应三类。三种反应方式，各有各的用途。心理辅导可以帮助来访者用更合适的方式应对当下的困扰。

4. 使来访者学会理解他人

任何个体，都有发自人性的依附本能。彼此理解，是满足此类本能的必要条件。然而，现实世界的名、利冲突以及其他冲突，打破了人性的内在平衡，使依附本能被淹没在这些冲突之中。这种状况使人的心理产生扭曲，体验到孤独、嫉妒、怨恨，甚至产生严重的心理问题。心理辅导可以协助求助者唤起自己的依附本能，自觉地理解他人和群体对自己的重要性，进而恢复心理平衡。

5. 使来访者增强自知之明

个人的片面经验、扭曲的社会需求以及不合理的生物需求，都可以产生片面的自我认知，自觉、不自觉地对自己做出错误评估，引发心理困扰。这时，个体心理辅导通过增强人对自我的认知，尤其是对自我非理性观念的认知，来恢复心理健康状态。

6. 协助来访者构建合理的行为模式

每个个体都会形成自己的行为模式，受不合理行为模式困扰的来访者，若想改变自己的现状，必须在心理辅导专业人员的协助下，建立一种新的、合理的行为模式。只有按这种合理的行为模式生活，其行为才可以变成“新的有效行为”。

（四）个体心理辅导的分类

1. 按性质分类

（1）发展性心理辅导。在个人成长的各个阶段，都可能产生困惑和障碍。为适应新的生存环境，为选择合适的职业，为个人事业的成功突破个人弱点，等等，所要进行的就是发展性心理辅导。

（2）健康性心理辅导。当一个精神正常的人，因各类刺激引起焦虑、紧张、恐惧、抑郁等情绪问题，或者因各种挫折引起行为问题，即发现自己的心理健康遭到破坏时，这时进行的心理辅导就是健康性心理辅导。

2. 按辅导时程分类

（1）短程心理辅导。在相对短的时间内（1~3周以内）完成心理辅导。资料收集和分析集中在心理问题的关键点上，就事论事地解决来访者的一般心理问题。追求近期疗效，对中、远期疗效不做严格规定。做好这类辅导，要求心理辅导专业人员的思维要敏捷、果断，语言要准确、明快，有较长期的临床经验。

（2）中程心理辅导。在1~3个月内完成辅导。可涉及较严重的心理问题，要求有完整的辅导计划，咨询预后，追求中期以上疗效。

（3）长期心理辅导。长期心理辅导一般用时在3个月以上，应使用标准化咨询方法逐一进行心理治疗，要求制订详细的咨询计划，追求中期以上疗效，并要求有疗效巩固措施。对资历较浅的心理辅导专业人员，除要求有详细咨询计划外，还要求写出案例分析报告。

3. 按辅导形式分类

（1）门诊心理辅导。门诊心理辅导现在已经不限定在医院门诊进行，也可在专业心理咨询中心进行。门诊心理辅导是面对面的咨询辅导，这

类辅导的特点是能及时对来访者进行各类检查、诊断，及时发现问题并做出妥善处理（如转诊、会诊等）。因此，它是心理辅导中最主要而且最有效的方法。

（2）电话心理辅导。电话心理辅导是利用电话给来访者进行支持性咨询。早期多用于心理危机干预，防止心理危机所导致的恶性事件，如自杀、暴力行为等。咨询中心有专用的电话，心理辅导专业人员 24 小时轮流值班，并设有流动的应急小组。现在的电话辅导，涵盖面很广，是一种较为方便而且迅速的心理辅导方式。

（3）互联网心理辅导。互联网心理辅导是心理辅导专业人员通过互联网来帮助求助者。互联网辅导除了可以突破地域限制之外，还可以凭借行之有效的软件程序，进行心理问题的评估与测量；可以全程记录辅导过程，便于深入分析来访者的问题以及进行案例讨论；辅导协议的具体化和程序化将使人们更容易接受。

（五）个体心理辅导的原则

1. 真诚原则

真诚是指在辅导过程中，心理辅导专业人员以“真正的我”出现，没有防御式伪装，不把自己藏在专业角色后面，表里一致，真实可信地置身于与来访者的关系中，从而给来访者以可信、可靠的印象。有了这种真诚可信的感觉，心理辅导就成功了一半。

2. 尊重原则

尊重意味着要把来访者作为有思想感情、内心体验、生活追求和独特性与自主性的人去对待，应当体现为对来访者现状、价值观、人格和权益的接纳、关注和爱护，给来访者创造一个安全、温暖的氛围，使其最大限度地表达自己。

3. 整体原则

辩证唯物主义告诉我们，整个世界是普遍联系的统一整体，孤立的事物是没有的，人的心理问题既与人的整个心理活动有联系，也与社会、家庭、学校等很多方面存在关联。因此，心理辅导专业人员必须进行深入全面的了解，从整体系统关联的角度去分析问题，才能使心理辅导取得良好的效果。

4. 差异原则

具体问题具体分析是马克思主义活的灵魂。在个体心理辅导中，心理辅导专业人员要注意来访者的个体差异，做到有的放矢，区别对待。

5. 保密原则

保密原则是心理辅导非常重要的一条原则，心理辅导专业人员在没有获得来访者同意之前，不得将来访者的信息随意透露给任何人，在公开的案例研究或发表有关文章必须使用来访者资料时也必须隐去身份信息，避免对号入座。但在遇到有明显自杀或伤害他人意图的来访者时，心理辅导专业人员可以突破保密原则，争取更多资源来避免危及生命的情况发生，但是也应控制在最小的知情范围内。

6. 限定性原则

一是时间限制。必要的时间长度和频率限制是对来访者和心理辅导专业人员的一种保护。心理辅导专业人员应提前告知来访者关于咨询时长的限制，并在咨询过程中主动控制谈话进程，避免因突然结束谈话让来访者感到不安和不快。

二是关系限制。为达到咨询效果，心理辅导专业人员和来访者之间会建立一种更深入的情感交流模式，但过度的情感介入会令心理辅导专业人员丧失中立客观的立场，进而可能给来访者和心理辅导专业人员本人带来巨大伤害。因此，在心理辅导过程中，应避免与来访者建立双重关系。

（六）心理辅导专业人员基本素质

从事任何职业，都需具备一定条件。心理辅导是一种特殊的助人工作。从事这项工作，也必须具备一定条件。比如，对基础知识、专业知识和技术、个人品格等都有一定的要求。

1. 品格

品格的核心是价值观系统。价值观系统的关键是人生价值观。正确的人生价值观是朴素、简洁、踏实和可行的，它不需要美丽词汇修饰和夸张，只用一句话表达：做个有利于社会和他人的人。这就是心理辅导

专业人员应有的品格。

2. 自我平衡能力

心理辅导专业人员的自我平衡能力至少包括以下几个方面：

（1）心理辅导专业人员每天从来访者那里的所见所闻，大都是负面的信息，这些信息进入心理辅导专业人员的大脑，难免影响他们的心情。为此，心理辅导专业人员本人，必须有能力将一天中由负面信息造成的不良情绪排除，以保证第二天带着平衡的心态开始一天的工作。

（2）心理辅导专业人员也会有各种生活难题，也会出现心理矛盾和冲突，但他们应当在咨询关系以外来解决自己的心理矛盾和冲突，而在咨询过程中保持相对的心理平衡，不因个人的问题干扰咨询工作。

（3）经常处于心理冲突状态而不能自我平衡的人，是不能胜任心理辅导工作的。

3. 善于容纳他人

只有善于容纳他人，才能营造和谐的咨询关系和安全、自由的咨询气氛，才能接纳各种来访者和回应来访者的各类问题。这既是个人的性格特点，又是心理辅导专业人员的职业需要。

4. 有强烈的责任心

“庸医杀人不用刀”，是说本事不大而且缺乏责任心的医生，对病人来说可能是致命的。心理辅导专业人员若无责任心，同样可以害人。所以，面对来访者，心理辅导专业人员不能因自己的言行使来访者感到“雪上加霜”；不能夸大心理辅导的作用，欺骗求助者；因自己能力有限，不能对来访者提供帮助时，应向来访者说明，并转诊。

5. 有自知之明

心理辅导专业人员应清楚自己的优缺点，知道自己的能力限度，能对自我生存价值进行评价，有正确的自我成就感。

（七）个体心理辅导的一般程序

心理辅导是一种过程，包括一连串有序的步骤和阶段，了解和重视每一阶段的任务以及重点、难点和注意事项，有助于工作的顺利开展。

1. 信息收集阶段

信息收集阶段的主要任务是广泛深入地收集与来访者及其问题有关

的所有资料，并与来访者建立初步的信任关系，主要步骤和要求有：

（1）建立良好和恰当的关系。心理辅导专业人员要给来访者以良好的第一印象，给他们以职业上的信任感，并使他们感到你乐意帮助他们。同时要以热情而自然的态度、亲切而温和的言行，消除初次见面的陌生感，使来访者的紧张情绪得以放松。

（2）通过来访者的自述和询问，了解他们存在的问题和要求。此时要注意了解他们的基本情况、社会文化背景和存在的问题。在这一阶段，心理辅导专业人员要注意倾听对方的谈话，不要随意打断，避免过多提问和追问，必要时才加以引导。

2. 分析诊断阶段

分析诊断阶段的主要任务是根据收集到的材料和有关信息，对来访者进行分析和诊断，明确来访者问题的类型、性质、程度等，以便确立目标，选择方法。其要求和注意事项有：

（1）弄清来访者是否适宜作心理辅导。例如来访者系由家人、亲友、单位送来，而非本人自愿，没有求助的咨询动机；某些人的文化水平和智能极低，缺乏领悟能力；某些人对心理辅导及从业人员采取不任信的态度；等等。这些人都不适宜在一般情况下进行心理辅导。为此，要在这一阶段进行分析和诊断、确认。

（2）对来访者的问题及原因、形式、性质等进行分析诊断。来访者的有些问题可能有精神病的症状，这属于精神病学范畴，要注意区别。心理辅导专业人员要对来访者的问题进行辨认，并对其严重程度予以评估，特别是对问题的原因进行分析，必要时可结合心理测量等手段进行诊断和分析。

（3）进行信息反馈。心理辅导专业人员要把自己对来访者问题的了解和判断反馈给当事人，以求证实和肯定，使来访者做出进一步决定，考虑是否继续进行咨询。反馈要注意尽可能清晰、简短、具体和通俗易懂。

3. 目标确立阶段

目标确立阶段的主要任务是心理辅导的双方在心理分析和诊断的基础上，共同协商和制定心理辅导的目标。通过辅导目标，引导辅导过程，并对辅导过程进展和效果进行监控评估，督促双方积极投入辅导。确立

目标时可以这样引导来访者：通过辅导，你希望解决什么问题？有什么改变？达到什么程度？等等。确立目标应注意：

（1）目标是具体的。具体的目标应有一些客观标准，很清晰，可接近，最重要的是可操作、可测试。

（2）目标是现实可行的。要根据来访者的潜力、水平及周围环境来制定。

另外，目标是心理学方面的，可以通过心理学的手段来达到，而非依靠生物学的干预手段。目标应限制在心理品质和行为特征的改变上，不应以生活干预作为心理辅导的基本目标。还有，目标应分轻重缓急，应有经常检查和评价。

4. 方案探讨阶段

方案探讨阶段的主要任务是根据问题性质及其与环境的联系，来访者自身的条件、资源、能力、经验等，结合既定的辅导目标，设计达到目标的方案。通俗地说，也就是双方共同拟订类似日程表一样的方案，明确双方在什么时间，做什么事，怎么去做，做完如何，等等。此阶段应考虑以下问题：

（1）辅导方案应由双方共同探讨、协商确定，不能由心理辅导人员单方面直接拟订，也不能仅依从来访者来拟订。

（2）辅导方案的有效性、可行性。应首先设想多种可能的方案，然后对这些方案的优劣进行权衡、评估，最后选择一个合适的、有效的、可行的方案。当然，最后选定的方案应该是经济的、简便的。

5. 行动实施阶段

行动实施阶段的主要任务就是根据拟订的方案采取行动，达到心理辅导的目标。在此阶段，辅导人员应以心理学的方法和技术帮助来访者消除各种心理问题，改变不良心理状态，提高心理健康水平。这一阶段是心理辅导中最关键的、最具影响力的、最根本的阶段。辅导人员对来访者的帮助，常采用领悟、支持、解释和行为指导等方法，支持和引导来访者，积极进行自我探索，产生新的理解和领悟，克服不良情绪，开始新的有效行为，巩固一些新的生活方式，借此发生真实的转变。此阶段应注意以下问题：

（1）心理辅导专业人员要介入来访者的行动过程中，对其遇到的困难、不明白之处予以及时讨论或指导。

（2）保持对行动过程的监控或做必要的调整。随时注意评估进展情况，并创造一种积极的氛围，保持双方良好的关系。

6. 结束阶段

结束阶段的主要任务是对心理辅导情况做出小结，帮助来访者回顾心理辅导的要点，检查目标的实现情况，指出来访者的进步、成绩和需注意的问题，更需注意传达这样的信息：你现在表现得越来越好了，等等。此阶段要注意处理好关系结束和跟进巩固等问题。

（1）处理好结束关系。成功的辅导关系在结束时可能会使来访者感到一些不情愿、焦虑，甚至依恋，因为他担心失去一位最知心的朋友，并要独自面对挑战。因此，心理辅导专业人员应及时说明，今后会仍然关心他的情况，还会有一些跟进辅导（有时称随访），随时提供一些必要的支持。

（2）为学习迁移和自我依赖做准备。针对来访者的情况，心理辅导的双方要讨论：在离开心理辅导后一段时间如何自我依赖，并运用在辅导中学到的知识和技能处理新问题，或将其应用到以后的生活里，从而增强辅导效果，促进成长发展。

（3）帮助来访者愉快、自然地结束心理辅导。结束个体心理辅导关系是来访者开始独立成长的标志，心理辅导专业人员要采取多种方式、方法，彰显自身人格魅力，让来访者感到愉快、自然，既高兴又理性地接受心理辅导关系的结束。

（八）个体心理辅导常用方法

个体心理辅导有很多方法，但大都与心理咨询技术相通，常用心理辅导方法有：

1. 认知行为疗法——合理情绪疗法

（1）疗法介绍。认知行为疗法是一组通过改变思维和行为的方法来改变不良认知，达到消除不良情绪和行为的短程的心理治疗方法。其中有代表性的是阿尔波特·埃利斯的合理情绪行为疗法（REBT），阿伦·T·贝克（A. T. Beok）和雷米（V. C. Raimy）的认知疗法（CT）以及唐纳

德·梅肯鲍姆（Donald Meichenbaun）的认知行为疗法（CBT）。认知行为疗法的特点包括以下四个方面：

①来访者和咨询师是合作关系。

②假设心理痛苦在很大程度上是认知过程出现机能障碍的结果。

③强调改变认知，从而产生情感与行为方面的改变。

④通常是一种针对具体的和结构性的目标问题的短期和教育性的治疗。

所有认知行为疗法都建立在这种结构性的心理教育模型之上，强调家庭作业的作用，赋予来访者更多的责任，让他们在治疗之中和治疗之外都承担一种主动的角色，同时都注意吸收各种认知和行为策略来达到改变的目的。

（2）合理情绪疗法及工作程序。合理情绪疗法（REBT）是由美国心理学家阿尔波特·埃利斯（Albert Ellis）于20世纪50年代创立的。ABC理论是合理情绪疗法的核心理论。A代表诱发事件（activating events）；B代表个体对这一事件的看法、解释及评价，即信念（beliefs）；C代表继这一事件后，个体的情绪反应和行为结果（consequences）。该理论认为，人的情绪和行为障碍不是由某一诱发事件直接引起，而是由经受这一事件的个体对它不正确的认知和评价所引起的不合理信念，最后导致在特定情景下的情绪和行为后果。也就是说，情绪来源于个体的想法和观念，个体可以通过改变想法和观念来改变情绪。

合理情绪疗法一般分为四个阶段：

第一阶段，心理诊断。

这是最初阶段，首先咨询师要与来访者建立良好的工作关系，帮助来访者建立自信心。其次，摸清来访者所关心的各种问题，将这些问题根据属性和来访者对它们所产生的情绪反应分类，从其最迫切希望解决的问题入手。

第二阶段，领悟。

这一阶段主要帮助来访者认识到自己不适当的情绪和行为表现或症状是什么，产生这些症状的原因是自己造成的，要寻找产生这些症状的思想根源，即找出它们的非理性信念。

第三阶段，修通。

这一阶段，咨询师主要采用辩论的方法动摇来访者非理性信念。用质疑或挑战式的发问使来访者回答他有什么证据或理论对A事件持与众不同的看法等。通过反复不断的辩论，来访者理屈词穷，不能为其非理性信念自圆其说，真正认识到非理性信念是不现实的、不合乎逻辑的，也是没有根据的；开始分清什么是理性的信念，什么是非理性的信念，并用理性的信念取代非理性的信念。

这一阶段是本疗法最重要的阶段，治疗时还可采用其他认知行为疗法。如给来访者布置认知性的家庭作业（阅读有关本疗法的文章，或写与自己某一非理性信念进行辩论的报告等），或进行放松疗法以加强治疗效果。

第四阶段，再教育。

这是治疗的最后阶段。为了进一步帮助来访者摆脱旧有思维方式和非理性信念，要探索是否还存在与本症状无关的其他非理性信念，并与之辩论，使来访者获得并逐渐养成与非理性信念进行辩论的方法，用理性方式进行思维的习惯，达到建立并巩固新情绪的目标。

2. 系统脱敏疗法

（1）疗法介绍。系统脱敏疗法（systematic desensitization therapy）又称交互抑制法，是由美国学者沃尔普创立和发展的。这种方法主要是诱导来访者缓慢地暴露在导致焦虑、恐惧的情境下，并通过心理的放松状态来对抗这种焦虑情绪，从而达到消除焦虑或恐惧的目的。

（2）工作程序。系统脱敏疗法的治疗过程如下：

①放松训练。

一般需要6~10次练习，每次历时半小时，每天1至2次，反复训练，直至来访者能达到在实际生活中运用自如、随意放松的娴熟程度。

②建立恐怖或焦虑的等级层次。

找出所有使来访者感到恐怖或焦虑的事件。

将来访者报告出的恐怖或焦虑事件按等级由小到大的顺序排列。

采用五等和百分制来划分主观焦虑程度，每一等级刺激因素所引起的焦虑或恐怖应小到足以被全身松弛所抵消的程度。

③系统脱敏。

第一步：进入放松状态。首先应选择一处安静适宜、光线柔和、气

温适度的环境，然后让来访者坐在舒适的座椅上，让其随着音乐的起伏开始进行肌肉放松训练。依次从手臂、头面部、颈部、肩部、背部、胸部、腹部以及下肢部开始训练。

第二步：想象脱敏训练。首先，应当让来访者想象着某一等级的刺激物或事件。若来访者能清晰地想象并感到紧张时，停止想象并全身放松，之后反复重复以上过程，直到来访者不再对想象感到焦虑或恐惧，那么该等级的脱敏就完成了。以此类推做下一个等级的脱敏训练。一次想象训练不超过 4 个等级。如果训练中某一等级出现强烈的情绪，则应降级重新训练，直到可适应时再往高等级进行。当通过全部等级时，可从模拟情境向现实情境转换，并继续进行脱敏训练。

第三步：现实训练。这是治疗最关键的地方，仍然从最低级至最高级训练，逐级放松，训练以不引起强烈的情绪反应为止。为来访者布置家庭作业，要求来访者每周在治疗指导后对同级自行强化训练，每周 2 次，每次 30 分钟为宜。

3. 求助者中心疗法

（1）疗法介绍。求助者中心疗法建立在人本主义的哲学基础上。罗杰斯的基本假设是：人们是完全可以信赖的，他们有很大的潜能理解自己并解决自己的问题，而无须咨询师进行直接干预；如果他们处在一种特别的咨询关系中，就能够通过自我引导而成长。从一开始，罗杰斯就把咨询师的态度和个性以及咨询关系的质量作为咨询结果的首要决定因素，坚持把咨询师的理论和技能作为次要因素，他相信来访者有自我治愈能力。

（2）工作程序。求助者中心疗法的治疗过程如下：

① 确定求助者中心疗法的咨询目标。

罗杰斯（1977）认为，治疗的目的不仅在于解决求助者眼前的问题，而且在于支持求助者的成长过程。这个过程是一个通过建立良好的咨询关系，协助来访者寻找迷失的自我、探索真正的自我、重建新的自我的过程。这是求助者中心治疗的最终目标。

② 应用求助者中心疗法的主要咨询技术。

主要包括促进设身处地的理解的技术（包括关注，用言语、非言语、沉默等作为设身处地理解的表达等），坦诚交流技术，表达无条件积极关注的技术等，促进咨询关系的健康发展，进而激发来访者自我成长的力量。

③ 把握咨询过程的特点与规律。

求助者中心疗法的心理咨询过程注重在咨询师与求助者互动的过程中，求助者内在态度、情感及体验性的活动过程，注重求助者内在的心理历程及其发展演变规律性的行为特点。罗杰斯认为，在心理治疗的过程中，求助者从刻板固定走向变化，从僵化的自我结构迈向流动，从停滞在连续尺度的一端迈向更加适应、灵活的另一端，咨询师在治疗过程中要把握这样的特点和规律，坚定治疗信心。

4. 催眠疗法

（1）疗法简介。催眠疗法（hypnotherapy）是指用催眠的方法使来访者的意识范围变得极度狭窄，借助暗示性语言，以消除病理心理和躯体障碍的一种心理治疗方法。通过催眠方法，将人诱导进入一种特殊的意识状态，采用暗示的方法促进来访者发生其想要发生的改变，从而产生治疗效果。

（2）工作程序。催眠疗法的治疗过程如下：

催眠疗法的具体呈现方式并不唯一，但一般都会包含如下的流程：

① 催眠前谈话。了解来访者的动机与需求，询问其对催眠的看法，解答有关催眠的疑惑，建立良好的咨访关系。

② 暗示感受性测试。了解来访者的暗示感受性水平，找到适合来访者的暗示方式，同时也是催眠的预热阶段。也可以通过该测试，判断来访者是否适合采用催眠治疗。

③ 诱导阶段。催眠师运用语言等各种适宜的引导，将来访者引导进入催眠状态。常用的方法有：渐进式放松法、呼吸法、非语言引导法等。

④ 深化阶段。催眠师引导来访者从轻度催眠状态进入更深催眠状态。数数法、电梯法、下楼梯法是这一阶段常用的方法。

⑤ 治疗阶段。根据被催眠者需求来治疗，正面与积极的暗示是本阶段常用的手段。

⑥ 唤醒阶段。催眠师将来访者从催眠状态唤醒至意识状态。

5. 正念疗法

（1）疗法简介。“正念”最初来自佛教的八正道，是佛教的一种修

行方式，它强调有意识、不带评判地觉察当下，是佛教禅修主要的方法之一。西方的心理学家和医学家将正念的概念和方法从佛教中提炼出来，剥离其宗教成分，发展出了多种以正念为基础的心理疗法，较为成熟的正念疗法包括正念减压疗法、正念认知疗法、辩证行为疗法和接纳与承诺疗法。正念疗法是对以正念为核心的各种心理疗法的统称。

以正念为核心的心理疗法是美国现今较为流行的疗法，被广泛应用于治疗和缓解焦虑、抑郁、强迫、冲动等情绪心理问题，在人格障碍、成瘾、饮食障碍、人际沟通、冲动控制等方面的治疗中也有大量应用。其疗效获得了从神经科学到临床心理方面的大量科学实证支持，相关研究获得了美国国立卫生研究院（NIH）的大力支持。

（2）工作程序。正念疗法的治疗过程如下：

正念具体流程并不唯一，从以下几个经验的正念练习中，可以帮助我们领会正念的具体操作。正念技能的核心包括观察、描述、参与，是非主观的方法，一次只注重一件事，并且有效。在所有的练习中，都需要在一个温度适宜、确保自己不受打扰的空间。找到一个优雅、舒适的姿势坐好。需要说明的是，由于文章篇幅有限，在此只讲这些经典练习的要点，掌握了要点，去做正念会很简单。

练习一：正念呼吸，进入当下。

请找到，哪个身体部位的呼吸是最明显的。如果是鼻端，感受气息流进流出的感受；如果是胸部，感受气流进出时胸部的起伏变化；如果是腹部感受，腹部随着气息进出的胀缩感……

当你确定这个部位之后，你需要做的就是去觉察呼吸给这个部位带来的感觉，不要变换其他部位。不要去数气息，也不要去控制它，不要去调节它。

你会发现，坚持不了几秒，注意力就会从呼吸上离开。别急，不要做好坏评判，接受你很难集中注意力这个现状，平静地将它重新带回到呼吸上。下次如果继续走神，继续带回来即可。

练习二：身体扫描，聆听身体。

这个练习，你需要做的是感受你的身体每一个部位。这个练习可以躺着，如果躺着容易睡着，睁开眼睛也行。

想象有一道柔和的光束，从头顶开始，慢慢向下移动，从头顶到额头、眉毛、眼睛、双侧的太阳穴、耳朵、面颊、鼻子、嘴、下巴、脖子、胸腔、腹部、背部、双臂、手指、肌肉、骨骼、腹腔、臀部、小腿、脚掌、脚趾等。总之，让这束光照进你身体的每一个部位，从上到下，从下到上，从外到里。

身体的感觉有很多种，冷、热、痒、麻、痛、干、湿、紧绷、放松等，如果你觉得没有感觉，这也是一种感觉。

练习三：观念头。

念头并非事实念头本身，如同呼吸和身体感觉一样，可以成为正念的联系目标。

首先，请留意一下你的呼吸，可以做三次深长的呼吸，深深地呼气、缓缓地呼气。接着，将注意力带到念头上。我们一天会产生6万多个念头。

需要做什么？观察念头的出现、变化和消失。

当一个念头出现的时候，有意识地将注意力带向它，并对它进行命名，可以把它命名得很具体，比如“早晨天微微亮，在河边一个人跑步”，或者按照念头的类型来命名也行，如“计划”“回忆”“幻想”等。

练习一下你就会发现，念头一旦被命名，就会松动、瓦解、消失。留意你的命名和念头消失的过程，然后把注意力重新带回到呼吸或者身体感受上来。

二、个体心理辅导案例

常村煤矿安全心理咨询中心个体心理辅导对象主要有两种：一种是煤矿工作人员，主要是对基层队组“三违”人员进行个体心理辅导；另一种是员工家属，对有心理辅导需要的员工家属进行心理辅导。八年来，煤矿安全心理咨询中心针对数百人次开展了个体心理辅导工作，为提升员工及其家属的心理健康水平和保障煤矿安全生产起到了积极的促进作用。以下是个体心理辅导的部分案例（遵循心理咨询与辅导的伦理守则，案例进行了相应的处理）。

（一）事故心理辅导类

案例一：520 大巷人车相撞事故

（1）事故经过。

× 年 × 月 × 日，某队人车司机 ××× 由副井下底驾驶人车开往 S 翼方向，行至 S5 车场附近时与 S5 即将开往副井方向的人车相撞，造成一起重大未遂事故。

（2）来访者一般资料。

×××，男，33 岁，已婚。性格内向，不善于和人沟通。父母生病住院，他在医院照顾父母，一夜未睡，导致情绪低落，疲劳上岗。本来想请假，但是当班人数不够，所以他又不敢请假，导致在无奈的情况下怀着抵触的情绪上岗作业。

（3）问题类型。

因疲劳而引发的事故心理问题。

人处于疲劳状态时，大脑反应就会迟钝。过度疲劳的最大危险在于使人反应迟钝、动作不准确，遇到危险信息时往往不能及时发现或不能快速做出反应。再加上工作环境沉闷，让本来就疲惫的 ××× 处于意识严重不清醒的状态，警惕性下降，注意力不集中、感觉不灵敏、动作反应缓慢，思维反应迟钝，所以，××× 没有注意到前方出现的人车，发生人车相撞事故。

（4）辅导过程。

通过对事故原因分析和 ××× 的状态评估，确定辅导内容为事故后心理疏导及行为矫正。

① 针对事故后 ××× 存在的恐惧和焦虑等情绪，采用放松技术和系统脱敏技术缓解情绪问题。

② 针对 ××× 在事故前后存在的不良认知，如，“都是因为 ××× 原因，我才会发生事故”，“发生事故影响重大，我这辈子完了”等不合理认知，咨询师采用认知疗法对 ××× 这些不合理认知进行了矫正。

（5）辅导效果。

通过咨询，××× 的情绪恢复到正常状态，认识到了自身在事故中应该承担的责任，能够正确认识事故对个人职业生涯的影响，表示今后身心健康状态不好时一定主动报告，确保工作安全。

案例二：×××队撞车事故

（1）事故经过。

20××年×月×日，司机×××驾驶10号电机车从副井井底S码经东道向S3运料，进入S2车场前未及时注意到同道前方有人车停放，在紧急制动不及的情况下撞击人车车尾，造成人车从北到南共7节车厢靠东侧轮掉道。事故发生后某队跟班队干部到达现场，组织上道，于20：45恢复车辆通行，共计影响时间30分钟。

（2）来访者一般资料。

×××，男，42岁，已婚。夫妻感情不和，事发当日曾与妻子吵架，上岗时因家庭矛盾情绪不稳定，注意力不集中，导致人的判断力和反应力下降，未及时发现同一轨道上停放的人车。

（3）问题类型。

因家庭关系矛盾引发的事故心理问题。

家庭关系即家庭中的人际关系，主要包括姻亲关系、血亲关系。家庭关系中主要的是夫妻关系，是维系家庭的第一纽带；其次是父母和子女的关系，是维系家庭的第二纽带。如果家庭关系不好，整天闹矛盾，会增加个体的烦恼，使其不能集中注意于手头的工作，进而导致事故的发生。

（4）辅导过程。

通过对事故原因分析和×××的状态评估，确定辅导内容为事故后心理疏导及婚姻家庭关系调整。

① 针对来访者情绪不稳定等情绪问题，采用渐进式肌肉放松帮助其缓解不良情绪。

② 针对来访者存在的夫妻关系不和问题，采用尊重、倾听和婚姻家庭治疗的方法技术，帮助其提升解决婚姻矛盾的能力。

（5）辅导效果。

来访者掌握了一些缓解消极情绪的方法和提升婚姻质量的技巧，夫妻关系明显改善。在劳动安全方面，×××也充分认识到自身存在的问题，表示今后在工作中一定会加强安全确认，并在上岗前自觉把心理调整到最佳状态。

案例三：交接班职工打架事件

（1）事故经过。

×年×月×日，在工作面，某队4点班瓦检员李××与零点班瓦检员王××在交接班过程中，两人言语过激，发生打架斗殴行为，导致李××被打出鼻血，王××耳朵被打破流血。由于二人安全意识较差，在岗位上打架斗殴造成现场秩序混乱，存在重大安全隐患，严重违反煤矿安全管理规定，均给予降薪一级半年处分。李××在接到处理通报后情绪极度不稳定、心情烦躁。

（2）来访者一般资料。

李××，男，25岁，未婚，性格急躁，遇事易冲动。事发前一天通宵玩电子游戏输了一些钱，情绪低落，睡眠不足。

（3）问题类型。

因节假日玩游戏过多引发的事故心理问题。

节假日是影响安全生产的重要时间节点。在节假日前后，由于与假日有关的事情会在劳动者的头脑中起干扰作用，使其在劳动过程中容易分散注意力，情绪不稳定，进而引发安全事故。

（4）辅导过程。

① 使用共情、积极关注等技术与来访者建立良好的咨询关系；使用倾听技术，让来访者将心中的不满情绪全部倾诉出来。

② 利用认知疗法帮助来访者认识到自己的不合理认知，认识到问题所在，建立合理信念，也通过改变认知，调节负面情绪。

③ 提升来访者心理健康自我保健能力，教会其缓解压力和调整情绪的方法，使来访者在今后的工作中能够自我调节，强化其安全意识，树立自觉遵守劳动纪律的好习惯。

（5）辅导效果。

李××认识到了自己在这起冲突中应该承担的责任，主动向工友王××道歉，两人的关系也恢复如初。李××掌握了一些缓解心理困扰的技巧，稳定了情绪，提升了心理健康水平。

案例四：皮带运行时清煤导致的工伤事故

（1）事故经过。

清煤工×××在工作中发现有一炭块儿卡在正在运行的皮带当中，

如果不清理炭块儿，皮带会被磨损甚至断裂，严重情况下还会影响到正常的安全生产。发现这一隐患后，该清煤工在没有停止皮带运行的情况下，用手中的改锥试图将炭块排除，结果自己的衣袖被正在运行的皮带绞住，造成了一起严重的工伤事故。

（2）来访者一般资料。

×××，男，24岁，未婚。年轻气盛，个性张扬，做事冲动。母亲生病住院，他夜里在医院照顾母亲，未经休息、没有吃饭就上了班。咨询师了解到×××认为停机清理不仅费时还费力，经常在不停机的情况下清理炭块儿，这是一个风险很高的违章冒险作业行为。×××初次违章感到非常危险，但在侥幸心理影响下，还是多次做出这种违章作业行为。

（3）问题类型。

因侥幸和冒险心理引发的事故心理问题。

侥幸心理是一种趋利意识作用下的投机心理，这种心理往往是冒险行为的主要心理构成成分。冒险倾向是指个体具有的冒险意识和冒险行为倾向。实践证明，具有冒险倾向的人往往也是事故易发者。他们除了更容易有意接受风险外，还存在对风险的错误认知。

（4）辅导过程。

通过对事故原因分析和×××的状态评估，确定辅导内容为事故后心理疏导及冒险侥幸心理的调试。

① 针对来访者事故后产生的心理危机反应，及时启动了心理危机干预，为×××的康复提供心理支持。

② 针对×××因受伤产生的抑郁、焦虑情绪，采用放松技术调节不良情绪。

③ 在×××身心健康恢复到理想状态后，采用认知疗法，帮助其认识到自己在工作中存在的错误认知，增强其安全意识，促进其安全生产习惯的养成。

（5）辅导效果。

×××的身心健康状态得到了及时的恢复，认识到了冒险违章操作的危害，表示今后一定会避免冒险侥幸心理，坚决做到按照操作规程作业。

案例五：因违章爬乘矿车致重伤事故

（1）事故经过。

× 年 × 月 × 日，矿工 ××× 走路去副井口升井，在离井口不到 2000 米的联络巷附近，他发现一辆电机车也往副井口方向行驶。为了早点儿到达井口升井去网吧玩游戏，他就从后面爬上了电机车，在过一道岔时电机车掉道，将其甩下电机车，导致其受重伤。

（2）来访者一般资料。

×××，男，26 岁，未婚。参加工作 3 年，最近迷恋网络游戏，下班后基本都是在网吧玩游戏。××× 违章爬乘电机车的行为是侥幸心理和冒险倾向性格共同作用的结果。事发当日，由于 ××× 沉迷于网络游戏，为了赶快升井到网吧玩游戏，于是决定冒险爬电机车，造成了此次事故。

（3）问题类型。

因侥幸和冒险心理引发的事故心理问题。

侥幸和冒险心理常见于年轻职工，由于其社会成熟度低加上工作经验尚不十分丰富，为了省力气、加快速度提前完成任务或者早升井等，往往会在侥幸和冒险心理的支配下，采取“三违”行为。

（4）辅导过程。

通过对事故原因分析和 ××× 的状态评估，确定辅导内容为事故后心理疏导及冒险侥幸心理的调试。

① 针对来访者事故后产生的心理危机反应，及时启动了心理危机干预，调节其出现的负面情绪和应激反应。

② 采用认知疗法，帮助来访者认识到自己在工作中存在的冒险及侥幸心理对安全生产的影响，增强其安全生产意识，帮助其认识到安全生产行为的重要性，促进其形成安全生产行为模式。

（5）辅导效果。

××× 的心理健康状态恢复到正常水平，认识到冒险和侥幸心理的危害，表示今后上岗时一定放下生活中的事情，不让工作以外的事情影响劳动安全，坚决改掉侥幸和冒险的性格，做到遵章守纪。

案例六：打料石致伤事故

（1）事故经过。

× 年 × 月 × 日，职工 ××× 在 75 瓦斯泵房通往 76-2 号轨道处建永久密闭。××× 在打料石过程中，料石碎石片溅到 ××× 的左眼上，造成 ××× 左眼受伤。

（2）来访者一般资料。

×××，男，51岁，已婚。事故发生后的几天，他总是莫名烦躁，而且很容易疲劳，做事情总是走神，注意力不集中。咨询师对×××做了人体生物节律查询，查询结果表明，事发当日，×××正处于人体生物三节律的体力、情绪和智力的“三重临界日”，人体的各方面都处于不稳定的状态，上班注意力不集中。在这样的情况下，会导致反应迟钝，不能及时做出正确的应对反应，导致×××没有注意到飞来的料石碎片，发生了事故。

（3）问题类型。

人体生物节律临界日引发的事故心理问题。

生物三节律的临界日是体力、情绪和智力的“三重临界日”，人在体力方面容易疲劳，情绪方面烦躁、喜怒无常，智力方面容易健忘、注意力不集中等，个体在工作中容易出现安全问题。

（4）辅导过程。

通过对事故原因分析和×××的状态评估，确定辅导内容为事故后心理疏导及安全教育。

① 针对来访者事故后出现的消极情绪，采用认知疗法进行调整，引导来访者理性看待左眼受伤问题。

② 引导来访者对自身身心状态的关注与调整，关注人体生物节律对劳动安全的影响，学会利用生物节律，促进自身安全生产行为模式的建立。

（5）辅导效果。

×××能够理性看待左眼受伤问题，意识到人体生物节律对劳动状态有重要的影响，表示今后一定高度重视人体生物节律提示的危险日期，积极做好身心调节，严格做好自我防护，确保安全生产。

案例七：矿井大面积无计划停电事故

（1）事故经过。

×年×月×日，6 kV开闭所值班配电工×××在对707号柜（副井双罐备用高压回路）由检修转为运行状态操作中，造成110 kV中心站609号柜（馈出至6 kV开闭所I段进线柜）跳闸，致使6 kV开闭所I段馈出负荷全部停电，导致井下N翼采区生产及副风机、地面生产及办公

无计划停电，1号中央主通风机无计划停电切换至2号主通风机运行，通过合母联开关由Ⅱ段702进线开关恢复6 kV开闭所Ⅰ段所有负荷供电，在Ⅰ段进线701开关送电后，恢复6 kV开闭所分列运行方式。

（2）个人一般资料。

×××，男，28岁，已婚。他性格一贯表现为逞强好胜，常以冒险行为来炫耀自己的能力。×××在生产现场工作时，常自以为技术高人一等。按照规定，作业前应认真检查、确认接地刀是否断开，再继续作业。但是×××自认为熟悉现场设备和系统，逞强蛮干，凭经验行事，强行合开关断路器进行送电，导致送电瞬间直接三相短路，引发上级开关短路跳闸和无计划大面积停电事故。

（3）问题类型。

逞强冒险引发的事故心理问题。

由于实践经验和社会经历还不丰富，逞强冒险倾向在青年工人中表现较多，他们往往情绪不太稳定，思想比较简单，对事情的后果考虑较少，容易表现为感情冲动、缺乏耐心和争强好胜。

（4）辅导过程。

通过对事故原因分析和×××的状态评估，确定辅导内容为事故后心理疏导及行为矫正。

① 使用尊重、共情等技术与来访者建立良好的咨询关系。使用倾听技术，让来访者将心中的懊悔全部倾诉出来。

② 针对事故后×××存在的焦虑问题，采用渐进式肌肉放松的方式帮助其缓解焦虑的情绪。

③ 利用认知疗法帮助来访者认识到自己逞强冒险心理的危害，促进其安全意识的强化。

（5）辅导效果。

×××事故后的消极情绪得到有效调整，在认知上认识到了逞强心理的危害，表示今后在工作中一定谨慎行事，按章操作，绝不再犯冒险违章操作的错误。

（二）“三违”心理辅导类

案例八：倒霉的“无证上岗”

（1）“三违”经过

来访者张××是新工人，刚来×××队不久，正在跟师傅单轨吊车司机刘××学习，还未考取单轨吊车司机证。某日快下班时候，由于巷道窄，师傅刘××让张××来开单轨吊车，师傅刘××在下面看巷道情况指挥。当安全员路过时，觉得张××面生，遂查其上岗证，结果被记“三违”“无证上岗”。张××觉得已经快下班了还被查“三违”感到有点儿委屈和倒霉。

（2）来访者一般资料。

张××，男，27岁，未婚，性格内向，不善言谈，是新工人，对领导或者师傅的话言听计从，所以当师傅刘××让张××来开单轨吊车时，张××未加思索就听从师傅的安排。另外，虽然张××知道自己没有单轨吊车司机证，但是存在侥幸心理，觉得快下班了不会被查到，因而出现“三违”行为。

（3）问题类型。

因不良性格和侥幸心理引发的“三违”行为。

张××是典型的胆怯型性格，没有主见，遇事退缩，不敢坚持原则，这种性格特点使他不敢对师傅的命令提出质疑，做出提醒；另外，张××也存在明显的侥幸心理，侥幸心理是一种趋利意识作用下的投机心理，极易导致冒险行为。这是张××出现“三违”行为的主要原因。

（4）辅导过程。

通过对“三违”行为的原因分析和张××的状态评估，确定辅导工作的主要内容为“三违”心理及行为矫正。

① 针对“三违”行为后张××存在的委屈和焦虑等情绪，采用放松技术和阳性强化法缓解其情绪问题。

② 针对张××的在事故前后存在的不良认知，例如，“觉得我很冤枉，很倒霉”，“都是因为刘××的原因，我才会‘三违’”，“这件事会影响我的前程”等不合理认知，咨询师采用认知行为疗法对张××的这

些不合理认知进行了矫正。

（5）辅导效果。

通过咨询，张××委屈、愤怒的情绪得到了平复，认识到了违章操作的危害和自身在“三违”行为中的责任，坚定了拒绝违章指挥的决心，表示一定吸取本次事件的经验教训，在今后的职业生涯过程中一直按照操作规程作业。

案例九：“心绪不宁”导致隐患

（1）“三违”经过。

×年×月×日，某队职工×××在S-5采区2号回风巷升井的时候，作为新工人的监护人未与新工人同上同下。

（2）来访者一般资料。

×××，男，50岁，已婚，某队副队长，平时工作认真负责。×××的儿子今年毕业，上班前他和儿子约好下班后陪儿子去参加招聘面试。另外，他也十分惦念女儿考学的情况，整个工作期间都心绪不宁。下班时，×××想着新工人也带了十几天了，现场还有个检修班的师傅在，应该没什么大问题，就忘记了自己的职责，独自一人走了，没有带上新工人一起升井，正好被监察人员看到。

（3）问题类型。

生活事件引发的“三违”行为。

心理咨询师用社会适应量表对×××进行了测评，发现一年来其生活事件频率和程度偏高（得分155分）。生活事件是指个体生活中发生的需要一定心理适应的事件，这些事件无疑会对劳动者劳动的可靠性产生不利影响。而当这种作用的强度达到一定程度，反映于劳动者的生产作业过程中时，就会体现为人为失误的增加，更有可能引发工伤事故。

（4）辅导过程。

① 使用共情、尊重、积极关注等技术与来访者建立良好的咨询关系；使用倾听技术，深入了解来访者的心理状态与问题成因。

② 采用正念疗法帮助来访者调节身心健康状态，减轻生活事件给其带来的压力。

③ 与来访者一起分析孩子升学、就业这些问题，为来访者赋能，增强其解决问题的能力。

（5）辅导效果。

×××的心理压力和焦虑得到了缓解，身心得到了放松，能够重新以饱满的精神状态积极地去处理生活事件与工作之间的关系。

案例十："明知故犯"的违章

（1）"三违"经过。

×年×月×日，某队×××在作业过程中未按规程作业，在未打设锚杆的情况下，打设锚索作业。在作业时，×××只想赶紧完成任务，两台钻机同时作业。×××的违章行为有可能造成空顶，掉下活矸、活石伤人。

（2）来访者一般资料。

×××，男，45岁，已婚，某队副队长，跟班队干部，每天组织大家学习，其本人明白要先安全，后生产。他的行为属于明知故犯，存在急躁、侥幸心理。

（3）问题类型。

侥幸和冒险心理引发的"三违"行为。

为了尽快完成任务，×××冒险开启两台钻机同时作业，埋下了极大的安全隐患，作为队干部本应带头按章操作，但在侥幸心理驱使下，他采取了违章操作的错误行为，说明其安全意识并不强。

（4）辅导过程。

① 针对来访者的紧张、焦虑情绪，采用音乐放松，缓解其情绪问题。

② 运用倾听技术，了解来访者心路历程。咨询师与来访者一起分析违章过程中存在的侥幸、冒险心理及其可能产生的危险后果，增强其安全意识。

③ 进行模拟伤害体验，加深来访者对"三违"行为严重后果的深刻体验。

（5）辅导效果。

×××的紧张、焦虑情绪得到了缓解，安全意识得到了提升，表示作为带队干部，今后要以身作则，按照规程操作，做好安全确认。通过队组反馈，该员工作为一名副队长，比以前更有责任心了，能够坚持带领员工严格按照操作规程作业。

案例十一："三违"行为者的"不平衡"心理

（1）"三违"经过。

×××前段时间被查到发生"三违"事件——无证上岗。

（2）来访者一般资料。

×××，男，27岁，已婚，本科学历。主诉这一个月情绪低落、忧郁烦闷，干什么都没有精神。×××认为发生"三违"行为的人有很多，偏偏自己被查到，心里很不平衡，本以为自己能调整好，但没想到越想越不舒服，影响了工作。来访者衣着整洁，比较含蓄，无幻觉、妄想等精神病症状。

（3）问题类型。

侥幸心理引发的"三违"行为。

当现实生命危险就在面前时，人们都会本能地采取回避措施；然而，当某种冒险行为被行为者评估为具有较小的风险概率时，侥幸心理便产生了。正是这种侥幸心理的存在，导致了众多的悲剧，这是概率性法则的必然结果。

（4）辅导过程。

① 咨询师通过关注、共情等技术与来访者建立了良好的咨询关系，使来访者信任咨询师，提升咨询依从性。

② 咨询师通过放松技术等帮助来访者缓解消极情绪的困扰。

③ 针对来访者被查"三违"后的不平衡心理，采用认知疗法引导来访者进行更为深入和全面的思考，找出其中的不合理信念，并进行矫正。

（5）辅导效果。

×××认识到给自己造成困扰的并不是被查"三违"事件本身，而是自己对因无证上岗被处罚的不合理态度。认清自己的问题后，×××在情绪和行为上发生了根本性的改变，在人际交往、生活、工作等方面也逐步恢复了以前的状态。

案例十二：模拟伤害体验带来的反思

（1）"三违"经过。

某队×××岗位作业期间给电控箱紧固螺丝，未紧固完就让派送电工送电，属带电作业。虽然此次未造成人身伤害，但是这样的"三违"行为很容易造成严重后果，甚至会危及自己和他人的生命安全。

（2）来访者一般资料。

×××，男，37岁，已婚。被查“三违”后仍觉得其不安全行为“没什么大不了”，就当自己倒霉了。从与其谈话和在工友处了解到，×××经常这样违规操作，存在对“三违”行为的麻痹心理。

（3）问题类型。

麻痹心理引发的“三违”行为问题。

麻痹心理通常称为马虎、凑合、不在乎，即工作时不遵守安全规章，不讲求工程质量和工作质量，态度上大大咧咧、满不在乎，是煤矿人为事故常见的心理原因。

（4）辅导过程。

安全心理咨询中心创新性引入的“模拟伤害体验”，是根据心理学的“内隐致敏法”原理，对违章操作但没有造成伤害的员工进行想象式伤害体验。比如，绑住违章员工的一条腿或一只胳膊，让他体验活动受限带来的痛苦，从而让职工深刻感受到违章后给自己和家人带来的危害。

咨询师对×××做了模拟伤害体验。×××模拟伤害体验部位是“手”。先用绑带把一只胳膊和手绑住使其不能动，再让他去做日常生活中的事情，从中体验万一因“带电作业”而手受伤的状况。

模拟伤害体验后×××表示，在伤害体验中，切实感受到了受伤后的不方便，而且，这只是模拟了最轻的后果，把手绑住半个小时就受不了。×××不禁感叹：“这要是真受伤了，我以后怎么办？再大点儿的事故，我的命丢了，想想都可怕。”表示以后坚决不再违章操作了，一定按操作规程作业。

（5）辅导效果。

随访中了解到，×××再也没有出现过“三违”行为，还经常给身边的人讲解“三违”的危害，并能积极制止身边的“三违”现象。

案例十三：“焦急”带来的危害

（1）“三违”经过。

×年×月×日，某队在某工作面机尾走最后一架支架时，端头工王××连接大链没有用连环，违章使用Φ30 mm×150 mm螺丝直接连接大链，导致连接支架框架的大链螺丝崩断飞出，将站在第90架支架架间的新工人丁××右眼打伤。

（2）来访者一般资料。

王××，男，41岁，已婚。因为赶工作进度，王××在手头没有连

接大链用的连环的情况下，不按规程操作，违章使用 Φ30 mm × 150 mm 螺丝直接连接大链，造成工友受伤。

（3）问题类型。

焦急心理引发的“三违”行为问题。

在有限的时间内感到难以完成预定或期望的工作量时，往往会产生时间紧迫感，这是一种类似于焦急的心理状态，这里的“有限的时间”和“预定工作量”既可以是个体自己限定的，也可以由生产管理者所限定，这种紧迫焦急的心理状态，很容易出现冒险凑合的行为，导致事故的发生。

（4）辅导过程。

① 使用尊重、积极关注等技术与来访者建立良好的咨询关系；使用倾听技术，了解来访者违章前后的认知及心理状态。

② 利用认知疗法帮助来访者认识到自己的不合理认知，认识到问题所在，建立合理信念。

③ 提升来访者心理健康自我保健能力，教会其调整情绪的方法，强化其安全意识，形成遵章作业的好习惯。

（5）辅导效果。

通过辅导，王××认识到了违章操作的危害，对因自己的违章行为导致工友受伤深感内疚，表示今后一定按章操作，绝不能因为赶工作进度而冒险违章作业。

（三）心理困扰辅导类

案例十四：“手机控”的抑郁情结

（1）来访者一般资料。

×××，男，26 岁，未婚。他从小父母早逝，是奶奶一个人把他带大的。他性格内向，不善言语；平时工作认真，却不爱与人交流，是个典型的“手机控”。他独立完成工作的能力较差，一些需要单岗作业的工作领导总是不放心交给他。一个月前，他因工作上的事受到领导批评。最近一个月以来，他偶尔情绪低落，做什么事都提不起兴趣，每天独来独往，工作效率低。

（2）问题类型。

一般心理问题伴随抑郁情绪。

来访者人际交往不良，性格孤僻，不被信任领导，工作上也遇到挫折，症状持续时间一个月，没有泛化到生活其他方面，属于由现实原因引起的，因此判断为一般心理问题。

鉴别诊断：来访者没有器质性病变，排除生理问题；按照病与非病三原则和来访者自知力健全，排除精神问题；来访者的心理冲突属于常型冲突，因此排除神经症及神经症性心理问题。

（3）辅导过程。

① 心理咨询师针对×××的情况对其进行了压力评估，并根据评估结果制订了有针对性的压力调节方案。

② 采用宣泄法，让×××到宣泄室进行了情绪宣泄。

③ 进行一对一个体心理咨询，心理咨询师主要运用尊重、倾听、共情及影响性技术，引导×××对自我身心状态、职业生涯发展、人际交往进行全面深入的思考，明确自身问题，增强改变的信心。

④ 在心理健康管理系统为×××设立独立账号，为他提供开放式心理知识学习平台，增强其心理咨询服务的易得性。

（4）辅导效果。

通过系统的咨询和学习训练，×××跟几位咨询师成了无话不谈的知心朋友，同事关系明显改善，抑郁情绪也随之得到缓解。随访了解到，最近×××被评为矿上的安全生产先进个人，还交上了女朋友，生活、工作方面状态均得到较大改善。

案例十五：×××队长的烦恼

（1）来访者一般资料。

×××，男，48岁，已婚。作为新上任的×××队长，×××感觉老抓不住员工的心，在队组里教育和批评、奖励与处罚手段都用的不少，可就是效果不理想，对员工的安全教育和安全管理工作也感觉力不从心，因此感到有些烦恼。

咨询师了解到，新上任的×××队长，是矿上有名的技术大拿，搞生产完成任务很在行，但是却做不好队组安全管理工作。×××队长日常在队组里表情严肃，不拘言笑，安排工作说一不二，不善于征求员工意见，员工都远远地躲着他。

卡特尔人格测试结果显示，×××的合群性分数偏低，恃强性分数偏

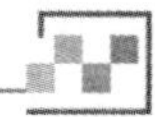

高。

（2）问题类型。

发展心理咨询——职业发展问题辅导。

心理咨询按性质分类，可分为发展心理咨询和健康心理咨询。健康心理咨询针对心理不健康的人群开展；发展心理咨询针对心理健康人群开展。在个人成长的各个阶段上，为适应新的生存环境，选择合适的职业，为个人事业的成功而突破个人弱点等，都可能产生心理困惑，此时所要进行的就是发展心理咨询。

（3）辅导过程。

① 开展心理行为训练，增强 ××× 的团队影响力，拉近 ××× 与工友之间的心理距离。训练项目包括热身、“快乐连环记”、“团队秀”、“疾风劲草”等。

② 分享资源，提升 ××× 的管理与沟通能力。咨询师不定期向 ××× 推送相关文章，介绍沟通和管理学方面的书籍，帮助他顺利适应管理者角色。

（4）辅导效果。

经过一段时间的辅导，××× 顺利适应了新的工作角色，队组管理能力得到了提升，所带的 ××× 队已成为团结高效、和谐奋进的示范型队组。

案例十六：如何摆脱失恋的困扰

（1）来访者一般资料。

×××，男，23 岁，未婚。他是一名新工人，在学校时很受同学欢迎，来到矿上以后，发现现在的生活与校园生活有很大差距，心理落差很大。后来，××× 与一位姑娘谈起了恋爱，并重新找到了自信与归属感，可是，一个月之前女友却提出了分手。由此，××× 变得很沉默，经常独自一人发呆，不与工友交流，对什么事都提不起兴趣，工作效率低下。

（2）问题类型。

严重心理问题——失恋的困扰。

来访者本身存在工作后适应问题，对目前的工作、生活状态不满。再加上失恋，虽然明显症状持续时间刚一个月，但不论是恋爱还是事业，对于个体来说都是人生中的重要事件。来访者目前对什么事都提不起兴趣，已经是泛化的表现，不与人交流和工作效率低下是社会功能轻度受损的表现，而且目前心理冲突都是由现实因素引起的，是常型冲突，因而诊断其为严重心理问题。

鉴别诊断：来访者没有器质性病变，排除生理问题；按照病与非病三原则和来访者自知力健全，排除精神问题；来访者的心理冲突属于常型冲突，因此排除神经症及神经症性心理问题。

（3）辅导过程。

咨询师在详细了解来访者的情况之后，和来访者共同协商制定了咨询目标，通过咨询使情绪困扰和行为障碍得以减轻或消除。

① 咨询师向来访者介绍合理情绪疗法的ABC理论，并引导他结合自己的问题进行分析，认清自身的不合理信念，如“我不能失败”、“痛苦和倒霉不应该落在我头上”等。

② 咨询师启发来访者领悟到引起其情绪困扰的并不是外界发生的事件，而是他对事件的态度、看法等认知内容，是信念引起了情绪及行为后果，而不是诱发事件本身。

③ 咨询师引导来访者对自己重新进行评价，接受自我，巩固新认知。

（4）辅导效果。

经过几次辅导，×××从失恋的痛苦中走了出来，对未来的职业有了合理的规划，情绪状态恢复正常，能和同事友好相处，工作更加积极上进。

案例十七：一名经常旷工的员工的苦恼

（1）来访者一般资料。

×××，男，27岁，已婚。×××自称性格温和，工作不懒散，和同事的关系也都不错。父母均已退休，妻子没有工作，家庭经济条件一般。最近一段时间，经常旷工，不喜欢上班。

咨询师了解到，×××是一名风机工，风机房噪声很大，×××对噪声非常敏感，经常下班回来耳朵就难受得受不了，去医院检查也没有什么生理问题。

（2）问题类型。

一般心理问题。

来访者知情意统一，症状伴随具体工作环境，没有泛化到生活其他方面，属于由现实原因引起的，因此判断为一般心理问题。

鉴别诊断：来访者没有器质性病变，排除生理问题；按照病与非病三原则和来访者自知力健全，排除精神问题；来访者的心理冲突属于常型冲突，因此排除神经症及神经症性心理问题。

（3）辅导过程。

① 使用共情、积极关注等技术与来访者建立良好的咨询关系。使用倾听技术，让来访者将心中的不满情绪全部倾诉出来。

② 针对来访者的问题与现实处境，咨询师采用教练技术，鼓励该职工探寻解决目前问题的办法。

（4）辅导效果。

经过辅导，来访者找到了解决问题的办法。来访者经与其队长沟通，换了一个工作岗位，目前上班正常，不再旷工。

案例十八：亲子冲突带给妈妈的焦虑

（1）来访者一般资料。

×××，女，39 岁，已婚。大学学历，性格内向。来访者最近这段时间工作效率低下，常常开小差，情绪也很不稳定。

咨询师了解到 ××× 有一个 14 岁的女儿，正处于青春叛逆期。老师说女儿物理不及格，邻居说常看到一个男生和女儿手拉手回家。××× 本想和女儿谈谈，但是每次提到这些问题，女儿就很反感，现在女儿和她交流越来越少。有一次，××× 急了，骂了女儿几句，女儿当晚就离家出走，跑去同学家住了一个星期才回来。

（2）问题类型。

一般心理问题。

来访者知情意统一，问题由现实原因引起——与女儿的关系问题及女儿教育问题，没有泛化到生活其他方面，症状持续时间较短，因此判断为一般心理问题。

鉴别诊断：来访者没有器质性病变，排除生理问题；按照病与非病三原则和来访者自知力健全，排除精神问题；来访者的心理冲突属于常型冲突，因此排除神经症及神经症性心理问题。

（3）辅导过程。

① 针对来访者目前的情绪问题，采用渐进式肌肉放松帮助其缓解情绪问题。

② 针对来访者对于母女关系及女儿教育问题产生的困扰，引导来访

者全面思考与女儿的关系、个人期待、女儿的特点等，明确目标，探索目标达成方式，提升来访者解决问题的能力。

③ 用正念疗法和自我控制策略，引导×××学会情绪管理，改善亲子关系。

（4）辅导效果。

×××的焦虑情绪得到缓解，和女儿的关系明显改善，工作状态恢复正常，效率也得到了提高。

案例十九：面对领导批评的痛苦

（1）来访者一般资料。

×××，男，35岁，已婚。自述前段时间在上岗过程中打盹被发现，班长、队领导就此事批评自己好几次，因而，自己心情很不好，总觉得班长、队领导是故意刁难自己。最近一段时间，情绪不稳，心情郁闷，经常发脾气，与同事关系差。

（2）问题类型。

一般心理问题——人际关系方面。

来访者知情意统一，问题由现实原因引起——被领导批评，没有泛化到生活其他方面，症状持续时间较短，因此判断为一般心理问题。

鉴别诊断：来访者没有器质性病变，排除生理问题；按照病与非病三原则和来访者自知力健全，排除精神问题；来访者的心理冲突属于常型冲突，因此排除神经症及神经症性心理问题。

（3）辅导过程。

① 使用尊重、积极关注等技术与来访者建立相互信任的关系。使用倾听技术，让来访者将心中的不满情绪全部倾诉出来。

② 咨询师与×××共同回顾上岗打盹时的心理状态，分析该行为的可能危险后果。

③ 针对×××对领导的不满情绪，利用合理情绪疗法进行调节，帮助×××认识到自己的不合理认知，建立合理信念，调节负面情绪。

（4）辅导效果。

纠正错误认知后，×××在认知、情绪和行为方面均得到改善。×××意识到原来自己的行为有可能造成安全事故，如果在自己打盹的时候皮带卡住，会对自己的生命造成威胁。班长和队领导的批评也是为员工安全着想。后期随访中了解到，目前这名员工在工作中能遵守操作规程，

摆正心态，人际关系良好。

案例二十：孩子“早恋”引起父亲的苦恼

（1）来访者一般资料。

×××，男，40 岁，已婚，有一个 17 岁的女儿读高中二年级。

××× 主诉：“女儿外形靓丽，在学校深受男生爱慕，一直品学兼优，是个乖乖女。可最近和一个长相平平、劣迹斑斑的男生走得很近。我知道了这件事，就严厉地教训女儿不该早恋。女儿辩解，说她只是想帮助这名男生，并不如我所说的那样。但是我不相信，我俩的争执不断升级，最后，女儿竟跟我说：‘既然你不相信我，那我就把它变成真的。’一段时间以来，我心情烦躁，容易发脾气，工作效率降低。”

（2）问题类型。

一般心理问题。

来访者知情意统一，问题由现实原因引起——女儿早恋倾向，没有泛化到生活其他方面，症状持续时间较短，因此判断为一般心理问题。

鉴别诊断：来访者没有器质性病变，排除生理问题；按照病与非病三原则和来访者自知力健全，排除精神问题；来访者的心理冲突属于常型冲突，因此排除神经症及神经症性心理问题。

（3）辅导过程。

叛逆是青少年走向成熟的必经之路，正确的教导，才能助其平稳度过青春期，并从而产生积极的心理品质，如勇敢、坚强、能求异、能创新等。面对处于叛逆期的孩子，家长经常感到非常恼火，家长必须调整好自身心态，这样才能更好地陪伴和引导孩子。

① 使用尊重、积极关注与来访者建立良好的咨访关系。

② 认真倾听，恰当共情，让来访者通过咨询使心中的负面情绪得到宣泄。

③ 针对来访者与女儿的关系问题，引导来访者认真思考与女儿的冲突，探索解决问题的策略。

④ 针对来访者心理健康知识比较匮乏的现状，向来访者普及青春期孩子的特点及教育引导方式，提升来访者的沟通能力。

（4）辅导效果。

经过几次辅导，××× 的身心健康状况得到了恢复，掌握了一些与女儿有效交流的知识与技巧，与女儿的关系也逐渐向好的方向发展。

案例二十一：一名退休职工的心理落差

（1）来访者一般资料。

×××，女，56岁，已婚。退休前，工作能力及生活状态良好。最近退休了，有些情绪失落、心情烦闷，进而出现心慌、倦怠、失眠、头晕、生活能力下降等躯体不适。

（2）问题类型。

发展心理咨询——退休后适应问题。

在个人成长的各个阶段上，都可能产生困惑和障碍。退休是人生的一个重要转折点，如果心理准备不够充分，就很容易引发退休后心理失衡问题，导致适应退休生活困难。

（3）辅导过程。

① 通过尊重、共情、积极关注，与来访者建立良好的咨询关系。认真倾听来访者的倾诉，同时这也是对来访者退休后茫然生活的一种调剂。

② 运用正念疗法和催眠疗法，帮助来访者缓解情绪问题和睡眠障碍等生理性问题

③ 与来访者一起探讨退休后的生活，制定目标，合理规划，让来访者有新的目标与追求。采用认知疗法帮助来访者正确看待退休，找到退休后发挥余热的新方式。

（4）辅导效果。

经过几次辅导，×××情绪明显好转，心态逐渐平和，心慌、倦怠、失眠、头晕等躯体不适完全消失，适应了退休后崭新的生活。

案例二十二：辅导孩子学习带来的烦恼

（1）来访者一般资料。

×××，女，38岁，已婚。×××有一个14岁女孩，新冠肺炎疫情期间，她为孩子制订了周密的学习计划，无奈孩子不配合，她感觉对孩子的学习问题无能为力。每天一想到这些，她心里就特别难受，晚上睡不好，白天没精神，注意力不集中，做事丢三落四，脾气也变得不好，总想训斥孩子，可每当训斥时，孩子就和她对着干。她失眠近一个月。

因受疫情影响，×××与咨询师通过网络视频咨询。咨询师观察到×××眼眶发黑，精神不济，说话时经常皱着眉头，总感觉还有话说，很少和咨询师直视。通过交流，咨询师进一步了解到问题产生的深层次原因：×××家庭条件一般，在原生家庭中排行老二，有一个哥哥，一个妹妹。

小时候父母对自己的哥哥和妹妹在学习上要求很严格。×××性格内向，很懂事，从没有让父母操心过，但也没有考上好的大学，她觉得这是自己的遗憾，认为父母当时要多管管自己可能会不一样。×××家庭内部人际关系也很紧张，丈夫认为她对孩子太过严厉，甚至不近人情。再加上她朋友少，缺乏社会支持系统的帮助。在心理方面，×××情绪上易紧张、焦虑、烦躁、郁闷；缺乏解决问题的策略和技巧，不能有效缓解自己的压力；个性上内向、好强、追求完美；认知上认为要想自己的孩子学习好，父母必须高标准要求，而孩子没有长大，因此孩子的想法不用考虑。

（2）问题类型。

一般心理问题。

来访者的症状由现实因素激发，持续时间有一个月，情绪反应的程度也不强烈，社会功能没有严重破坏，没有泛化，咨询师初步诊断为一般心理问题。

鉴别诊断：来访者没有器质性病变，排除生理问题；按照病与非病三原则和来访者自知力健全，排除精神问题；来访者的心理冲突属于常型冲突，因此排除神经症及神经症性心理问题。

（3）辅导过程。

① 运用催眠疗法缓解来访者的情绪和睡眠问题，教会来访者正念疗法的技巧，增强其情绪的自我管理能力。

② 采用认知疗法矫正来访者的错误认知，如“认为女儿的想法不重要”，“家长要为孩子做好全部的安排”等，通过对不合理认知的辩驳来帮助来访者形成良好的教育理念。

③ 引导来访者明白沟通的重要性，掌握沟通必备的技巧，并运用在与家人的交往中，改善家庭人际关系。

（4）辅导效果。

经过四次线上心理咨询，×××调整了心态，能积极主动地改变自己，和家人的紧张关系也有所缓解，在今后对孩子的学习指导方面也有信心能够做得更好。

（四）疫情心理辅导类

案例二十三：奇怪的陌生人

（1）来访者一般资料。

×××，女，42 岁。新冠肺炎疫情期间，各小区管理严格，不允许随便出入，每户发放一个通行证，持有通行证者可出去买菜等生活必需品。×××第一次去小区菜铺买菜，发现一个陌生人过来看了看就走开了。后来又有一次去水果店，有一个穿红衣服的年轻人没戴口罩，在店里左看看右看看，在她挑选水果时，还凑到她跟前看，后来啥也没买走了。×××猜测：他们是不是有什么问题？会不会是故意传播新冠肺炎病毒？由此担心自己感染上新冠病毒。为此，她整天担惊受怕，吃不好睡不好，已经有一周多了。

（2）问题类型。

一般心理问题——疫情引发的恐惧心理。

来访者的症状是与新冠肺炎疫情息息相关，心理症状持续时间一周，情绪反应的程度也不强烈，社会功能没有严重破坏，没有泛化，咨询师初步诊断为一般心理问题，具体为由疫情引发的恐惧心理。

鉴别诊断：来访者没有器质性病变，排除生理问题；按照病与非病三原则和来访者自知力健全，排除精神问题；来访者的心理冲突属于常型冲突，因此排除神经症及神经症性心理问题。

（3）辅导过程。

① 普及新冠肺炎疫情期间个体心理特点及相关防疫知识。咨询师向来访者介绍新冠肺炎疫情期间，人们难免感到紧张、恐惧，甚至正常的生活状态也会受到影响的客观现实，并就正确的防控方法进行了介绍，帮助来访者改善认知。

② 采用正念疗法，教会来访者缓解消极情绪，调整当下的心理状态。

③ 引导来访者接纳自己的负面情绪。“我可以恐慌”，“害怕是正常的”，等等。比起逃避，在疫情面前产生焦虑、恐慌的情绪是个体自我保护的一种表现。

④ 帮助来访者客观理性地认识疫情，坚定战胜疫情的信心；理性关

注疫情新闻，做到理性判断，莫轻信网上的谣言。

（4）辅导效果。

经过两次网上辅导，××× 的焦虑、恐惧情绪逐渐得到缓解，掌握了一些能够调节自身心理状态的方法，能够理性看待疫情及其影响。

案例二十四：查不出原因的头晕

（1）来访者一般资料。

×××，女，37 岁，已婚。新冠肺炎疫情期间，她不能出门，已经在家一个月了，每天就是准备一日三餐，刷刷手机、看看电视、陪陪孩子，生活内容变得单一，加之作息时间混乱，导致精神不振，最近一段时间经常感到头晕，心理无所适从，没有精神，昏昏欲睡，去医院做了检查也都正常。

（2）问题类型。

一般心理问题。

来访者的症状与疫情息息相关，心理症状持续时间较短，情绪反应的程度也不强烈，社会功能没有严重破坏，没有泛化，咨询师初步诊断为一般心理问题。

鉴别诊断：来访者去医院检查没有器质性病变，排除生理问题；按照病与非病三原则和来访者自知力健全，排除精神问题；来访者的心理冲突属于常型冲突，因此排除神经症及神经症性心理问题。

（3）辅导过程。

① 咨询师与来访者共同探讨了产生问题的原因。总结为：长时间的居家封闭生活引发孤独感，变得自闭，闷闷不乐，进而产生躯体化症状。

② 通过教练技术，引导来访者挖掘自身潜力，找到改变目前状态的办法。

（4）辅导效果。

经过两次网上心理咨询，××× 找到了适应新冠肺炎疫情期间居家生活的策略，即合理安排饮食起居，给自己布置一个工作环境，制订未来的工作生活计划。××× 的头晕等生理症状消失，生活变得规律而富有活力。

案例二十五：遇到疫情才发现自己是真拖延

（1）来访者一般资料。

×××，女，28岁，已婚，大学学历，社区居民。来访者自述，由于新冠肺炎疫情期间她不能出门，开始的时候因为不用上班，感觉24小时都由自己支配，每天看电视、刷抖音，过得挺开心。过了几天以后，她觉得自己不能再这个样子了，应制订一日计划，规划疫情居家期间生活。结果第二天她又开始玩手机、看电视，还不停地安慰自己，不在乎这一天两天的，明天再开始也不迟啊！又过去几天，她还是一件事情也没干成。为此她很苦恼，觉得自己非常拖延，因此预约咨询。

（2）问题类型。

发展心理咨询——适应问题辅导。

新冠肺炎疫情期间，人们的生活、工作模式都发生了变化，需要重新适应，在这个过程中极容易出现适应性心理问题。

（3）辅导过程。

① 针对来访者所说的拖延问题，咨询师与来访者一起探讨其表现、原因、影响因素。帮助来访者对自身问题有全面深刻的认识。

② 与来访者一起探讨克服拖延问题的方法，来访者制订了计划表，并将目标具体化，拆分成一个个可控制的小目标，逐步完成。

③ 与来访者探索应对干扰因素的方法，如少看手机、少看电视等，确保全力地完成计划。来访者提出可以建立监督机制，让家人或者朋友进行监督，以减少拖延。

（4）辅导效果。

经过三次辅导，×××制订了新的计划，并相约好友开始集体打卡，互相监督，已经改变了前期的拖延状态。

案例二十六：一位焦虑的妈妈

（1）来访者一般资料。

×××，女，32岁，已婚，大学本科学历，孩子8岁。新冠肺炎疫情期间，工作单位要求每位在岗人员在单位住宿，不能每天回家。孩子由×××母亲照看，本来没有什么可担心的，但是开学后，孩子开始在家上网课，由于孩子平时就有注意力不太集中的情况，所以×××担心孩子在家里上课不能认真学习，影响学习成绩，×××很着急，总是感到焦虑，睡不着觉，因而前来咨询。

（2）问题类型。

一般心理问题。

来访者的症状与疫情带来的影响息息相关，心理症状持续时间较短，情绪反应的程度也不强烈，社会功能没有严重破坏，没有泛化，咨询师初步诊断为一般心理问题。

鉴别诊断：来访者没有器质性病变，排除生理问题；按照病与非病三原则和来访者自知力健全，排除精神问题；来访者的心理冲突属于常型冲突，因此排除神经症及神经症性心理问题。

（3）辅导过程。

① 使用共情、积极关注等技术与来访者建立良好的咨询关系；使用倾听技术，让来访者将心中的担忧和焦虑全部倾诉出来。

② 运用合理情绪疗法，对来访者的不合理认知进行矫正，如孩子有时存在注意力不集中的情况，并不代表孩子每次上课都会注意力不集中且会影响学习成绩。通过改变不合理认知，调节焦虑情绪。

③ 发掘来访者自身潜力，与来访者一起探索新冠肺炎疫情期间辅导和督促孩子学习的恰当方式，促进现实问题的解决。

（4）辅导效果。

在经过两次线上咨询后，××× 情绪和睡眠都有好转，对孩子的学习问题有了新的认知，××× 的自我调节能力得到提升。经过与队组领导沟通，在开始实行“轮休”制度后，××× 成为第一批可以回家休息的职工。

案例二十七：疫情期间“被”住宿职工的焦虑

（1）来访者一般资料。

×××，男，32 岁，已婚，一线职工。因新冠肺炎疫情期间封矿回不了家，被队长安排在职工公寓住宿，已经 21 天了。他出现失眠、便秘、牙疼、食欲减退、浑身不舒服等症状，失去工作动力，经医院检查没有躯体疾病。

（2）问题类型。

发展心理咨询——适应问题辅导。

新冠肺炎疫情期间，人们因一时难以适应特殊的生产生活方式而产生心理压力，引发心理问题。

鉴别诊断：来访者经医院检查没有器质性病变，排除生理问题；按照病与非病三原则和来访者自知力健全，排除精神问题；来访者的心理冲突属于常型冲突，因此排除神经症及神经症性心理问题。

（3）辅导过程。

① 寻求家庭和社会支持。咨询师引导×××和家人进行电话或网络联系，获得家人的情感支持。同时，咨询师寻求该矿职工公寓的帮助，请公寓工作人员主动走进×××的宿舍，为×××送水果、提供生活帮助，让其感受到企业的温暖，消除其孤独感和失落感。

② 应用正念疗法，促进身心健康。咨询师教会×××正念疗法及要点，增强其自我调适能力。

③ 制订生活规划，适应新冠肺炎疫情带来的变化。引导×××制订疫情期间的生活规划，合理安排时间；帮助×××养成良好的生活习惯，促进其适应当下生活。

（4）辅导效果。

经过一周的陪伴支持，×××情绪稳定，各种生理不适逐渐消失，在宿舍和工作岗位上都能调整好自己的状态，作息逐步规律，重新燃起了对生活和工作的热情。

案例二十八：过度洗手的烦恼

（1）来访者一般资料。

×××，女，45岁，已婚。由于×××所在的小区有武汉往来人员，所在单元楼被隔离。自被隔离以来，她就非常担心和害怕，每天都在不停地刷手机，关注确诊病例，还出现了频繁洗手和失眠的情况。

（2）问题类型。

一般心理问题。

来访者的症状，如洗手、失眠，与新冠肺炎疫情带来的影响息息相关，心理症状持续时间较短，情绪反应的程度也不强烈，社会功能没有严重破坏，没有泛化，咨询师初步诊断为一般心理问题。

鉴别诊断：来访者没有器质性病变，排除生理问题；按照病与非病三原则和来访者自知力健全，排除精神问题；来访者的心理冲突属于常型冲突，因此排除神经症及神经症性心理问题。

（3）辅导过程。

① 应用认知行为疗法，引导×××以理性的心态面对新冠肺炎疫情

及其影响，制订规律的生活作息计划，进行适度的锻炼，减缓焦虑情绪。

② 引导 ××× 接纳自己的情绪反应，同时向其介绍正念疗法，帮助她学会一些简单的自我调节方法。

③ 咨询师通过评估 ××× 反复洗手的频率及影响，用催眠疗法帮助 ××× 改善症状。

（4）辅导效果。

经过四次网上咨询，××× 的反复洗手行为消失，情绪稳定，睡眠和身心状态恢复到正常。

案例二十九：返岗复工员工的焦虑

（1）来访者一般资料。

×××，男，36 岁，已婚。来访者主诉，在返岗复工两周后，自己一直进入不了工作状态，害怕自身防护不到位，担心在与人接触时会被传染上新冠病毒。

（2）问题类型。

发展心理咨询——适应问题辅导。

返岗复工后，新冠肺炎疫情没有完全被控制，往往会使返岗复工人员产生一定的心理压力。为适应新的环境，员工们就需要调整自身的心理行为模式，以保持健康的身心状态。

（3）辅导过程。

① 应用认知疗法引导来访者正确认识疫情，做到科学防护。

② 引导来访者关注当下，接纳不良情绪，认识到这些情绪对个体的保护作用，帮助其改变恐惧的心理状态。

③ 帮助来访者认识到良好的社会支持可以缓解因返岗复工带来的恐惧感、紧张感。引导来访者积极利用社会支持，增强心理防护能力。

（4）辅导效果。

经过两次网上咨询，××× 能够理性对待疫情及其影响，认识到只要做好防护，就基本不会感染新冠病毒。××× 紧张、恐惧的情绪得到了缓解，能用积极的心态来对待返岗复工了。

第六章　团体心理辅导

美国咨询学会主席（2003—2005）Samuel T. Gladding曾说："如果咨询师把自己可以胜任的工作仅局限于个别咨询的话，他也就限制了自己可以提供服务的范围。"团体心理辅导是一项专业的助人技能，它既是一种心理辅导的方法，也是一种促进人格完善的教育活动，更是MEAP服务的主要途径之一。

一、团体心理辅导概述

（一）团体心理辅导的定义

团体心理辅导（group guidance）又称群体、集体、小组心理辅导。它是指运用团体动力学的知识和技能，由受过专业训练的团体领导者，通过专业的技巧和方法，协助团体成员获得有关的信息，以建立正确的认知观念与健康的态度和行为的专业工作。它将团体当作一个微型社会，通过团体内的人际交互作用，促使个体在交往中通过观察、学习、体验，认识自我、接纳自我，调整并改善与他人的关系，学习新的态度与行为方式，以发展良好适应的助人过程。团体心理辅导注重在充满理解与支持的团体氛围中，鼓励参与者自愿尝试各种选择性的行为，学习有效的社会技巧，通过团体成员之间的沟通与交流，培养成员的信任感与归属感，从对团体的信任到信任周围其他人，从对团体的归属感扩延到对单位、社会的认同感与归属感。

（二）团体心理辅导的优势与局限

1. 团体心理辅导的优势

团体心理辅导的参与者对自己问题的认识及解决是在团体中通过成员之间的交流、相互作用与影响来实现的，这就使得团体心理辅导具有独特优势。

（1）效率较高。由个体心理辅导的一对一变为一对多，增加了服务人数，节省了辅导时间与人力。特别是在同一个单位里，处于相同工作环境的个体会发生较多同质性的问题，团体心理辅导效率更高。

（2）资源丰富。团体心理辅导因为多人参加，团体成员之间可以互相激发、互相学习。辅导者在团体心理辅导的初期建立好团体运作的一般形式及规则，就可以在后面的团体活动中让团体成员充分互动，个体也更易发生改变。

（3）影响广泛。团体中蕴藏的群体动力深刻影响着辅导过程，推动团体成员发生改变。一些相同的体验让团体成员消除了孤独感，获得一种归属感，在其中学习与人亲近、关心他人以及接受挑战的方法，并尝试各种选择性的行为。

（4）针对性强。人的许多心理问题都是在特定的社会环境中发生发展的，在类似的环境中去认识，做出相应调整，非常具有针对性，容易产生实际效果。团体心理辅导中成员的行为有所改变，也很容易迁移到团体之外的现实生活，并可以及时把实践中的问题带回团体来讨论与处理。

2. 团体心理辅导的局限

团体心理辅导的局限性主要表现在以下三个方面：

（1）辅导对象不具备普适性。团体心理辅导的参与者不具备普适性，某些特殊人格特点的人不适合参加，如依赖性过强、人际焦虑情绪过高的人或以自我为中心的人，这些人在团体中难以得到成长，还会妨碍团体的进展。那些极端内向、害羞、自我封闭的交往障碍者，也不宜参加团体心理辅导。

（2）辅导效果不同。在团体心理辅导时，由于成员人数较多，加之每个成员的个性不同、需求不同及问题程度不同，领导者很难对每个成员都照顾周全。因此，并非每个成员的需求都能得到满足，也并非每个成员都能收到同样的效果。

（3）可能造成伤害。在个人没有充分准备好的情况下，由于受到团体的压力而被动进行自我暴露，会造成一定程度的不安，甚至会受到伤害；在团体中暴露的个人隐私可能会在不经意中泄露，同样也会给当事人造成伤害。所以，要严格执行团体心理辅导保密原则，同时要求有经验的咨询师担任团队领导者，可以在一定程度上避免该局限。

（三）团体心理辅导的作用机制

1. 获得情感支持

（1）情绪的宣泄。团体心理辅导营造了一个安全和互相了解的环境，成员可以将内心压抑的消极情绪发泄出来，而且还会得到关心与安慰，使自己得到释放，减轻过去的痛苦带来的折磨。

（2）发现共同性。人遇到挫折时，常常会认为自己是天底下最倒霉、最不幸的人。在团体中，成员可以发现原来别人也有类似的经历和体验，会获得一种释然的感觉，能就此改变原有的错误观念，与其他成员共同寻求解决方法。

（3）被人所接纳。人在世上不被接纳，就会感到孤苦伶仃、无所依靠，时间久了，会导致身心疾病。在团体心理辅导过程中，团体对每个成员的无条件积极关注会给其一种支持，使人安心踏实，有归属感。

2. 尝试积极体验

（1）享受亲密感与信任感。有些人从未经历过温暖的家庭生活和亲密的人际关系。在团体中，成员之间可以建立健康而深入的关系，成员可以体会到互相关心、爱护和帮助的情谊，也因此能进一步对其他人际关系产生信任。

（2）增强归属感与认同感。当团体凝聚力形成并增强时，会让团体成员产生强烈的归属感和团队认同感。成员会明确意识到要保持与团体一致的认识和行为，积极维护团体形象及荣誉，并且通常能一致对外。

（3）观察团体行为与领导关系。团体心理辅导可以给成员提供体会

人际关系形成、人际互动过程中心理、行为和反应，以及尝试与团队领导建立良好关系的安全氛围或场所。这些经验可以应用到日常生活中去，去适应复杂的人际关系。

（4）体验互助互利带来的快乐。团体成员在相互鼓励帮助的过程中，可以发现自己对他人的贡献，从而提升自我价值和自信心。这种体验可以扩展到实际生活中，使责任的承担和助人的行为继续下去，从而不断获取信心和快乐。

3. 发展适应行为

（1）提供安全的实际环境。团体就像社会生活的实验室，成员可以没有任何顾虑地在团体内观察、分析与日常生活类似的情境或问题，反省自己在实际生活中的态度及行为，可以不断寻找适合自身的行为方式。

（2）相互学习并交换经验。在团体心理辅导中，成员之间可以分享各自的成功经验，互相提出忠告、建议，使缺乏现实生活经验的成员从他人的经验中获得启发。领导者可以用教导的方式向成员传递新知识，引导他们对人生有更深刻的体会。

（3）尝试模仿适应性行为。成员之间的相似性或者互补性使得成员在团体中找到仿效的对象，学习模仿诸如管理情绪、坦诚交往等适应行为。另外，团体领导者常常也被视为仿效的对象，所以领导者也必须不断成长、以身作则。

（4）学习社会交往的技巧。团体心理辅导为缺乏社会交往技能的成员提供了试验、挖掘自己交往能力、评价人际关系状况的机会。通过交互试验，成员既可以看清自己的社交状况，还可以培养有效沟通和融洽相处的方法。

（四）团体心理辅导的功能

1. 教育功能

团体心理辅导是一个学习过程，成员从中可获得对自身问题的正确观念和态度，消除遇到挫折时的烦恼，在情绪上更加稳定成熟。团体心理辅导的过程还有助于培养成员的社会性，使其学习社会规范，形成适应社会生活的态度与习惯。

2. 发展功能

团体心理辅导能给予成员以启发和引导，促进他们自我了解，改善人际关系，学会建立协调的人际关系所需要的技巧和方法、养成积极面对问题的态度，培养成员健全的人格，对生活充满信心，对未来充满希望，促进成员良好的发展与心理成熟。

3. 预防功能

团体心理辅导提供了更多机会让成员之间彼此交换意见，互诉心声，研讨以后可能遇到的难题及可行的解决办法，可以预防心理问题的发生。领导者不仅能发现那些需要个别辅导的人并及时予以援助，同时也能使所有成员对心理辅导有正确的认识和积极的态度，一旦需要帮助能够主动求助。

4. 治疗功能

许多心理治疗专家强调人类行为的相互作用。在团体心理辅导方式下，由于治疗的情境比较接近日常现实状况，在团体中个人有勇气面对问题或困扰，在领导者与成员的帮助下获得反馈，使问题得到澄清与解决，以此处理情绪困扰与心理偏差行为，易收到效果。

（五）团体心理辅导的原则

在团体心理辅导的组织进行中，必须遵循一些基本原则，以利于发挥团体心理辅导的优势。主要包括以下几点：

1. 民主性原则

成员之间平等相处，尊重每一位成员，互相鼓励。

2. 共同性原则

团体心理辅导活动要围绕共同的问题展开，关注彼此共同的目标和利益，以及共同的参与信念。

3. 发展性原则

要以发展变化的观点看待成员中可能出现的问题，整体把握团体发展过程中问题的解决。

4. 综合性原则

要意识到单一理论方法的局限性，根据团体的性质特点，综合运用

各种理论中有效的方法和技术，不断追求更好的效果。

5. 启发性原则

在辅导中不强迫参与者发言或分享，也不越俎代庖，尽量通过启发和引导使成员独立思考，主动交流。

6. 保密性原则

在辅导过程中，要充分尊重每一个成员的隐私，增强互信和理解，增强团队的凝聚力。

（六）团体心理辅导常用方法——心理行为训练

团体心理辅导的方法中运用最多的是团体讨论、角色扮演、心理剧、心理行为训练等方法。其中，心理行为训练法在煤矿企业中得到了广泛的运用。

1. 心理行为训练的定义

心理行为训练可以从广义和狭义两个角度来理解。广义的心理行为训练是指以特定心理特征为目标，通过创设一定的情境，借助多种刺激手段，对人的生理、心理有意识地施加影响，使人的生理、心理状态发生变化，并能控制达到最适宜的程度，借以提高心理效率和社会功能，增强心身健康。狭义的心理行为训练是指以特定心理特征为目标，使用仪器、动作等具体手段，改变、调节某一心理因素，达到最佳心理状态。

2. 心理行为训练的目标

心理行为训练的直接目标是帮助参与者提高心理素质。具体可以概括为以下几个方面：

第一，激发提高心理素质的自觉性和主动性；

第二，掌握培养心理素质的基本技能和方法；

第三，改变不合理认知；

第四，矫正不良的行为习惯；

第五，塑造良好的个性品质；

第六，提高环境适应能力；

第七，维护心理健康；

第八，促进心理素质的全面发展和整合。

为达到以上目标，心理行为训练运用行为心理学、团体心理咨询、体验式培训的相关技术，创设相应的情绪和规则，设置特定的训练项目，使参与者通过完成一系列的任务来强化内心体验，从而对参与者的心理素质进行有针对性的培养。

3. 心理行为训练的操作流程

为了使心理行为训练达到训练目标，培训师需要对项目的操作流程进行一定程度的控制，并根据项目进行的具体情况做出调整。为此，心理行为训练设置了一套科学、严谨的操作流程，整个过程可分为：项目意义、训练准备、时间安排、训练过程、注意事项、观察要素、交流回顾、点评要点8个部分。

（1）项目意义。项目意义是心理行为训练的第一部分。在这个部分，培训师要向队员交代本项目要达到的根本目的和意义所在，从心理学的角度明确地指出该项目所要提高的心理素质是什么。因此，在训练开始之前，培训师要对项目的意义牢记于心，便于在训练中有针对性地进行训练。

（2）训练准备。训练准备是指在训练开始之前，培训师不仅要明白项目意义和操作规则，还要检查设施或场地是否达到要求。例如，要检查场地、天气、教具、装备、布置、着装是否达到要求，同时，在正式项目开始之前询问队员的身体是否有不适宜进行训练的，如高血压、心脏病等身体疾病，然后进行热身运动。

（3）时间安排。时间安排是指为了使心理行为训练达到最好的效果，训练时要注意时间的把握，特别要注意安排好队员完成项目的规定时间和留出足够的时间进行交流回顾和点评。项目活动时间是项目的重要组成部分，安排的时间不仅要使队员完成规定项目，但同时也要有一定的挑战性。点评、交流阶段是升华内心体验的重要阶段，安排的时间一定要充分。

（4）训练过程。训练过程是训练的主要内容，是培训师向队员布置任务和宣布规则的过程。在此过程中，培训师要严格按照培训指导语布置任务和说明规则，按照训练要求规范操作，以使训练达到最佳效果。

（5）注意事项。注意事项是队员在完成项目过程中应该注意的内容和要点，是训练顺利进行的重要保证。培训师要按照培训注意事项安排

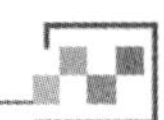

项目进行，同时又要即时提醒队员。

（6）观察要素。观察要素是指在训练进行过程中培训师要注意观察队员们的典型行为，发现和培训目的息息相关的行为和心理，用以在点评时使用。培训师可以用纸笔记下在训练不同阶段表现出的典型行为。

（7）交流回顾。交流回顾是指在项目进行完后，培训师组织队员围坐成一圈，通过提问的方式要求队员回顾在完成项目时的感受。提问的基础就是队员们的典型行为，尽量使每名队员都有机会表述自己的感受和体会。

（8）点评要点。点评要点是培训师根据队员在交流回顾阶段表达的感受进行一些启发式的总结。目的是帮助队员进行更深层次的思考，使队员在训练中获得的感受得到升华，借以提高队员的心理素质。

（七）团体心理辅导注意事项

（1）在团体中每名队员都是资源。领导者是促进者，不要承担太多的工作。不论在发生冲突、阻抗还是进展顺利时，都要多用队员的资源。

（2）团体活动中，领导者可以适当地进行自我分享，但主要是自己此时此刻的感受，而非过去自己的经验。

（3）团体中表现出冲突、阻抗是正常的，领导者要持开放和接纳的心态，鼓励队员表达自己的感受，包括负面的感受。队员敢于表达负面感受，正表现了对团体的信任。

（4）领导者要多进行促进队员探索的活动，如主动倾听、复述、澄清、开放式提问、支持，也可以适当对质。少用劝导、建议、忠告，更要注意不要让探索仅仅停留在理性的层面。

（5）领导者要注意观察每名队员的情绪，适当掌握平衡。但在团体中，不必平均分配时间，在愿意开放自己的队员身上花时间是值得的，对他人也是帮助的。

（6）团体讨论时，不要安排发言的顺序，但要顺其自然，但要鼓励大家抓紧时间，勇敢发言，开放自己。

二、团体心理辅导案例

常村煤矿安全心理咨询中心团体心理辅导工作主要以直观、形象的多媒体教学和现场互动训练有机结合的方式进行，采用经验交流、小组讨论、案例分析、角色扮演等体验式培训来促进员工的心灵成长。以下是近几年开展的团体心理辅导部分案例。

（一）心理行为训练类

案例一：释放压力，放飞心情

（1）活动目的：缓解工作带来的疲劳，轻松释压，提升员工的精神文化品位与幸福感，营造积极健康的工作环境，以最佳心态投入工作中。

（2）活动时间：70 分钟。

（3）活动人数：100 人。

（4）活动地点：井口等候室行人通道。

（5）活动过程：

① 每人三个气球，听培训师的指令，集体进行深呼吸，吹大气球，每一个气球要吹到比自己的头还大的程度，吹好之后自己拿着气球。

图 6-1　吹大气球，写祝福语

气球就是个人内心压力转嫁的对象，气球吹得越大，压力转嫁得越多。有心理学理论证明，集体进行深呼吸是心理放松最好的、最便捷的方式。

② 吹大气球，把心里的愿望和祝福吹进去，再把祝福语写在气球上。如图 6-1。

（6）活动效果：通过参加本次活动，员工把对自己、家人、朋友、企业的心愿写在气球上进行了展示，将压力通过引爆、放飞气球的方式进行了释放，摆脱了焦虑或不安的情绪，传递了积极向上的正能量。

案例二：用感恩心做人，以责任心工作

（1）活动目的：帮助员工树立感恩之心，学会感恩，做一个懂得感恩的人，确保企业健康有序发展。

（2）活动时间：65 分钟。

（3）活动人数：90 人。

（4）活动地点：井口等候室行人通道。

（5）活动过程：

① 在井口播放励志短片。

② 在井口等候室行人通道内悬挂关于感恩的横幅，烘托感恩的气氛，吸引员工们的注意力。

③ 每一个入井员工在一张心形的卡片上，将内心想说又说不出口的感恩的话写在上面，写好之后挂在感恩丝带上。如图 6-2。

（6）活动效果：通过活动，员工深刻体会到感恩是中华民族的传统美德，感恩之情随处可见。对于一个企业来讲，如果员工之间都能够彼此友爱，互相感恩，就会合作愉快，共担责任。

图 6-2　写感恩的话

案例三：传球接龙

（1）活动目的：让员工体验到任何挑战的顺利完成都离不开全体队员的沟通技巧、执行能力和奉献精神，使所有的队员都深刻体会到团队相互合作的力量。

（2）活动时间：60分钟。

（3）活动人数：160人。

（4）活动地点：文化广场。

（5）活动过程：

① 全体队员分组，每8个人一组。

② 每人拿一个半圆形管道，让一个乒乓球从第一个人的管道滚到第二个人的管道中，接着第三人、第四人，……直到滚动进前方10米远的纸质水杯中。如图6-3。

③ 球停、倒退、落地都重新开始。

（6）活动效果：通过具有趣味性和挑战性项目的训练，队员们了解了团结协作、勇于奉献、相互鼓励、强化执行对安全生产的重要性。

图6-3　传球接龙

案例四：齐心协力

（1）活动目的：培养员工团队精神，提升员工团队合作意识和能力。

（2）活动时间：20~30分钟。

（3）活动人数：60人。

（4）活动场地：团体辅导室。

（5）活动要求：所有队员背向里，双臂相互交叉，围坐在地面上，同时起身。如图6-4。

图 6-4　齐心协力

（6）活动规则：

① 先派出三名队员演示。三名队员围成一圈，背对背坐在地上，相邻两人双臂相互交叉，同时起身。

② 起身过程中不许盘腿、不许手着地。

③ 宣布比赛正式开始后，各组队员同时起身，用时最少的一组为胜。

④ 用时最长的队的队长要做 10 个俯卧撑。

⑤ 练习时间：15 分钟。

（7）注意事项：

① 场地不能有坚硬物体，四周无积水、火源、化学物品。

② 医生明确告之不能参加运动的队员禁止参加本项目。

③ 要求队员不要把与训练无关的物品带在身上。

（8）活动效果：

队员们共同回顾了完成任务的过程，感觉在团队中，如果没有统一的指挥、缺乏有效的沟通、步调不一致的话，就不可能很好地完成任务，团队中的每个人都必须具有大局意识和责任感。

案例五：森林大逃亡

（1）活动目的：活跃团队气氛，激发员工的学习兴趣。

（2）活动时间：15 分钟。

（3）活动人数：100 人。

（4）活动场地：文化广场。

（5）活动任务：所有队员，包括教练一起做这个游戏。三名队员一组，其中，两名队员手拉在一起站立扮作大树，另一名队员蹲在下面扮作松鼠，随着口令的变化，大家要不断改变组合方式。如图6-5。

图6-5 森林大逃亡

（6）活动规则：

① 口令一：猎人来了，大树不动松鼠跑，跑到不相邻的大树那里继续扮松鼠。

口令二：着火了，松鼠不动大树跑，大树跑到不相邻的松鼠那里与其他大树一组重新组队。

口令三：地震了，全体队员重新组合，既可以做松鼠，也可以做大树。

② 队伍中有一个人喊口号，第一次由教练来喊，之后由没有组成队的那个人来喊。

③ 每次没有组成队的队员要接受惩罚，做10个俯卧撑。

（7）注意事项：

① 场地要求：不能有坚硬物体，场地四周无积水、火源、化学物品。

② 队员中有疾病或者医生嘱咐不能参加类似活动的，则不宜参加此项活动。

③ 注意不要相互碰撞，以免受伤。

（8）活动效果：

参加完本次活动，团队成员之间的隔阂逐渐消除，队员之间的关系开始解冻，团队的氛围达到了融洽的状态，为接下来的拓展训练做好了心理准备。

案例六：我的优点你来说

（1）活动目的：学习发现别人的优点并加以欣赏，促进相互肯定与接纳，增加个人自信心，认识他人。

（2）活动时间：20 分钟。

（3）活动人数：90 人。

（4）活动场地：文化广场。

（5）活动规则：

① 每一组队员围坐成一个圆圈，请一名队员坐或站在圆圈中央，向大家介绍自己的姓名、个性、爱好等。

② 其他人轮流根据自己对他（她）的了解及观察说出他（她）的优点（如性格、相貌、待人接物等），然后被赞美的队员说出哪些优点是自己以前察觉的，哪些是没有察觉的。如图 6–6。

图 6–6　互相赞美

（6）注意事项：

① 每个人必须说优点。

② 夸别人的优点时态度要真诚，不能毫无根据地吹捧，这样反而会

伤害别人。

③ 做一个乐于欣赏他人的人。

（7）活动效果：

通过活动，参训队员认识到，赞美别人会给对方带来快乐和信心。同时通过别人对自己的赞美，队员们能更加全面地认识自己，增强自信心。通过相互赞美能够传递正能量，增强团结愉悦的氛围。

案例七：蛟龙出海

（1）活动目的：体验团队合作与竞争，提升执行力及领导力，高效率完成目标任务。

（2）活动时间：45 分钟左右。

（3）活动场地：文化广场。

（4）活动器材：绑腿带。

（5）活动人数：40 人。

（6）活动规则：

① 每组队员并排站成一行，相邻两名队员的腿绑在一起，绑腿位置在膝盖以下，脚踝以上。如图 6-7。

图 6-7　蛟龙出海

② 宣布开始以后，各队集体侧身向终点移动。

③ 用时最少的队获胜。

④ 用时最长的队的队长做 10 个俯卧撑。

⑤ 准备时间 20 分钟。

（7）注意事项：

① 场地不能有坚硬物体，四周无积水、火源、化学物品。

② 观察并询问参训人员的身体状况，医生明确告之不能参加此类运动的队员禁止参加本项目。

③ 队员不要把与训练无关的物品带在身上。

（8）活动效果：

通过参加本活动，队员们认识到：

① 一个团队要想成功、取得较好的绩效，就必须具有团结、协作、团队精神。

② 整体绩效的提升建立在个体基础之上，所以，个体能力、素质以及与他人配合的方法对个人和企业的成长十分重要。可以将良性的竞争乐趣融入日常生活之中。

案例八：心有千千结

（1）活动目的：使员工充分认识到合作与奉献对整个团队成功的促进作用，增强团队成员的归属感，提升团队的沟通能力和执行力。

（2）活动时间：15 分钟左右。

（3）活动场地：团体辅导室。

（4）活动人数：90 人。

（5）活动规则：所有的队员手牵手结成一张网。队员们这时是亲密无间、紧紧相连的，但是此时的亲密无间、紧紧相连却限制了大家的行动。这时需要的是一个圆，一个联系着大家、能让大家朝着一个统一方向滚动前进的圆。在不松开手的情况下，如何让网成为一个圆？这是团队面临的严峻挑战。如图 6-8。

图 6-8　心有千千结

（6）活动过程：

① 所有小组队员站着围成一个圈。

② 左右看看自己相邻的人，一定要记住左边是谁、右边是谁。

③ 所有小组成员解散，在场中随意走动，打乱原先的顺序位置。

④ 培训师一声令下，所有队员沿直线跑到场中央，站定后，原地找原来站在自己左右的两人，并且拉起手。

⑤ 这时，场中所有队员的手结成一张网，培训师要求，在不松手的情况下，想办法把这张乱网解开。

（7）注意事项：

① 只能抓原来与自己相邻的人的手。

② 在解网的过程中任何人都不允许将手松开。

③ 在移动换位的时候要注意手臂不要扭伤。

（8）活动效果：

通过参加本次活动，队员们了解到：

① 解网的过程是一个发挥创造力和主观能动性的过程，但是最重要的是要在游戏中充分发挥大家的沟通与合作精神，劲往一处使，不要只顾自己，否则只会越解越乱。

② 在游戏的过程中，如果能选出或自然形成一个领导者，对于乱网的加快解开是很有帮助的。因为他可以帮助队员们更好地进行合作，从而更好地解决问题。

③ 游戏的意义不在于最后的输赢，而在于每个人是否从中学到团队建设的一些方法。

案例九：盲人方阵

（1）活动目的：明确沟通概念，掌握有效沟通的方法，提升沟通能力，使员工明确有效沟通是实现团队目标的必要条件

（2）活动时间：40分钟左右。

（3）活动场地：文化广场。

（4）活动器材：眼罩、绳子若干。

（5）活动人数：60人。

（6）活动任务：每个小组在规定时间内做一个最大的正方形。

（7）活动规则：

① 各小组成员戴上眼罩，在规定时间内找到本小组附近的绳子，并且在40分钟内，把它围成一个最大的正方形。围好后，所有人相对均匀地分布在这个正方形的四条边上。如图6-9。

图 6-9　盲人方阵

② 所有人在活动中不能摘下眼罩；不得背手行走，严禁蹲坐地上。

③ 不许干涉其他组工作。

④ 任务完成后，通知培训师，得到准许后才可以按照培训师的要求摘下眼罩。

（8）注意事项：

① 场地不能有坚硬物体，四周无积水、火源、化学物品，以保证队员的安全。

② 队员戴上眼罩后应将双手放置胸前，不得背手行走，严禁队员蹲坐在地上。

③ 不要让绳子绊倒队员，不要猛烈甩动绳子，以免打到队员面部。

④ 及时阻止队员向不安全地带移动。

⑤ 提醒队员摘下眼罩时应背对阳光，先闭一会儿眼睛，再慢慢睁开眼睛。

⑥ 尽量避免在夏天烈日下或其他恶劣天气下完成任务。

⑦ 观察并询问参训人员的身体状况，医生明确告之不能参加此类运动的队员禁止参加本项目。

⑧ 要求队员不要把与训练无关的物品带在身上。

（9）活动效果：

通过参加本次活动，参训队员体会到：

① 任何时候，任何团队在任何地方从事任何工作，指挥者必须只有

一个，否则，就会造成多头指挥、混乱无序，不能完成共同的目标任务。

② 这个活动反映出沟通不畅和不善于沟通的问题，由此折射出在我们的日常工作生活中，沟通方法是多么的缺乏与不被重视。

③ 在很多时候，我们只注重自己的表达，而忽视了倾听别人的建议，这对于团队的发展没有丝毫益处。单从个人素养来说，善于倾听别人是对别人的尊重，也是对自己的尊重。

案例十：疾风劲草

（1）活动目的：增进员工之间的感情，强化团队信任，使员工明确相互信任是应对风险的关键。

（2）活动时间：20 分钟左右。

（3）活动场地：文化广场。

（4）活动人数：80 人。

（5）活动任务：每名队员都要做一次“草”。

（6）活动规则：

① 队员两腿微微弯曲，双手齐胸，两脚一前一后分开，围成一个紧密的向心圆。“草”则站在圆中央。

②“草”要双手抱在胸前，并拢双脚，闭上眼睛，“草”要问：“我是某某，我要倒了，大家准备好了吗?”

当全体队员回答：“相信我们，准备好了!”“草”可以选择任何方向身体笔直地倒下去，倒的整个过程中不能移动脚或双脚分开，就像一个“不倒翁”的样子。

图 6-10　疾风劲草

③“草”倒向哪个方向，站在那个方向的队员就要在“草”即将要倒在自己身上时，伸出双手把“草”轻轻推向下一个人，使“草”沿着圆圈转一圈，最后被大家扶起站立。如图 6-10。

④ 小组的每一名队员都要做一次“草”。

（7）注意事项：

① 保证场地的平整，不能有坚硬物体，四周无积水、火源、化学物

品，以保证队员的安全。

② 为避免受伤，需将所有人的眼镜、手表、钥匙等物品拿开。

（8）活动效果：

通过参加本次活动，队员们认识到：

① 信任，是精诚合作的基石。

② 了解了有效沟通的环节和步骤。

③ 如果团队之间缺少了信任，那么不仅这个大家庭不会和睦，而且也直接影响到了整体任务的完成。

案例十一：无敌风火轮

（1）活动目的：培养员工团结一致、密切合作、克服困难的团队精神，使员工充分认识到工作的计划性、协调性、统一性、包容性的重要作用。

（2）活动时间：30 分钟。

（3）活动道具：报纸、胶带。

（4）活动场地：文化广场。

（5）活动人数：80 人。

（6）游戏规则：

① 所有队员站到始发点，培训师为每队分发若干张报纸并配备胶带。

② 每队将报纸粘贴到一起，做成一个大纸圈（风火轮），风火轮必须要足够大，以容纳本队全体队员站进去。

③ 风火轮制作好后，每队的队员需要站到本队的风火轮上，向前移动，走过指定的距离。如图 6-11。

图 6-11　无敌风火轮

④ 游戏从制作风火轮开始，到最终驾驶风火轮到达终点结束，用时最少为胜利者（距离为10米以上为好）。

⑤ 在驾驶风火轮期间，如果风火轮裂开，则必须返回出发点，修补完后，重新出发。

⑥ 服从培训师的指挥。

（7）注意事项：

① 拿到报纸等物品后，每队所有队员最好能分工合作，然后用最短的时间完成风火轮的制作。风火轮最好能大一点儿，不然容易被踩断。

② 驾驶风火轮时，最好提前选择一个队长，让队长在最前边，掌握行走节奏并发布命令。

③ 在整个活动过程中要注意安全。

（8）活动效果：

通过参加本次活动，队员们有以下收获：

① 学会了合理分配资源。

② 加强了团队合作和沟通。

③ 体会到心灵的默契是团队合作的最高境界，队员团结一致、密切合作、克服困难的团队精神得到提升。

④ 理解了团队建设中团队核心是如何发挥作用的；提高了管理者的组织指挥能力，认识到了统一指挥的意义与重要作用。

⑤ 计划、组织、协调能力得到了提升。

⑥ 服从指挥、一丝不苟的工作态度得到增强。

⑦ 队员间的相互信任和理解得到增强。

案例十二：各“纸”精彩

（1）活动目的：使员工明确有效沟通是团队发展的基本要素，进而提升员工的沟通能力。

（2）活动时间：30分钟。

（3）活动人数：50人。

（4）活动场地：团体辅导室。

（5）活动器械：A4纸。

（6）活动规则：

① 给每名队员发一张A4纸。

② 培训师发出单项指令：

大家都面向培训师，闭上眼睛或者不要看旁边队员的操作。全过程不许向培训师提出问题。把纸对折。再对折。再对折。把右上角撕下来，转 180°，把左上角也撕下来。睁开眼睛，把纸打开。

③ 培训师和队员们都会发现有各种答案，有很多队员的图形和培训师所折的图形是不相同的，让队员们自由讨论。

④ 培训师重复上述的指令，唯一不同的是这次队员们可以向培训师提出任何问题。

譬如问清楚对折是横折还是竖折，折过后的开口朝哪个方向，等等。结束后会发现图形不一致的现象还是存在的，只不过较上次少了许多。

（7）活动效果：

通过参加本次活动，队员们认识到：

① 沟通的最佳方式要根据不同的场合及环境而定，在条件允许的情况下，最好采用双向沟通的方式。

② 任何沟通的形式及方法都不是绝对的，它依赖于沟通者双方彼此的了解、沟通环境的限制等。

③ 促使队员反思自己平时的沟通方式，更好地改善了队员的沟通技巧。

案例十三：翻越独叶

（1）活动目的：使员工提升团结协作的整体意识，明确个体在团队中的责任和义务，强化团队团结协作精神。

（2）活动时间：20 分钟。

（3）活动人数：120 人。

（4）活动场地：文化广场。

（5）活动器材：报纸。

（6）活动任务：所有队员站在一张报纸上，将报纸翻到另一个面。

（7）活动规则：

① 不可以用脚以外的任何身体部位。

② 报纸不可以破损。

③ 身体任何一个部位接触地面从头再来。

（8）注意事项：

① 场地不能有坚硬物体，四周无积水、火源、化学物品。

② 医生明确告之不能参加此类运动的队员禁止参加本项目。

③ 要求队员不要把与训练无关的物品带在身上。

（9）活动效果：

通过参加本次活动，队员们认识到，在工作中要相互配合、相互协作，要有高度责任感的奉献精神；切实感受到所有队员共同努力对于团队成功起着至关重要的作用；每个人都必须正确认识自身角色在团队中的责任与义务，乐于接受领导，积极与他人配合，不断增强个人解决问题的能力。

案例十四：人椅

（1）活动目的：让队员在不可思议的叫声中体会到团队协作的真谛，使每名队员体会到团队力量的强大以及个人对于团队的作用。

（2）活动时间：15 分钟。

（3）活动人数：80 人。

（4）活动场地：文化广场。

（5）活动规则：

① 所有队员围成一圈，每名队员都将手放在前面队员的肩上。

② 听从培训师的指挥，每名队员徐徐坐在他后面队员的大腿上。如图 6-12。

图 6-12　人椅

③ 坐下之后，培训师可以再喊出相应的口号，如齐心协力、勇往直

前。

④ 可以以小组比赛的形式进行，看看哪个小组可以坚持更长的时间，获胜的小组可以要求失败的小组表演节目。

（6）活动效果：

通过参加本项活动，队员们体会到：

① 活动中不能有依赖思想，自己的松懈会对团队产生很大的影响。

② 团结协作是在竞争中取胜的必要条件。

案例十五：魔法师变石头

（1）活动目的：使队员可以在短时间内增进熟识度、打破人际距离，更快地融入团队。

（2）活动时间：5~10 分钟。

（3）活动人数：50 人。

（4）活动场地：团体辅导室。

（5）活动器材：2~5 颗软性安全球（或毛线球），球体比足球略小，以一手可掌握为佳。

（6）活动规则：

① 开始可由培训师或由一名队员自愿担任“魔法师”，并拿着一颗球施法。

②“魔法师”施法时，所有队员开始躲避，活动中只要被“魔法师”拿着球碰触到就会变成石头。

③ 要想避免被“魔法师”攻击，必须找到另一名队员，两名队员手勾着手在原地合唱一首歌，就可以形成保护罩，但歌曲如果重复就无效，两名队员都会变成石头。

④ 行进期间除躲避攻击外，不可和其他人手勾手。

⑤ 行进过程当中，不可以跑步，只可以快步走，避免队员间产生碰撞而跌倒。

⑥ 活动进行几分钟后，“魔法师”可改变方式，把被碰触的队员也变成“魔法师”，并给予其一颗球执行任务。

（7）活动效果：

通过短暂的暖身活动，队员的情绪高涨起来，距离拉近了，为更好地参加接下来的活动奠定了基础。

案例十六：蒙眼作画

（1）活动目的：帮助员工树立排除干扰、专心做事的好习惯，提升员工做好每一项工作的专注度。

（2）活动时间：10~15分钟。

（3）活动场地：团体辅导室。

（4）活动人数：40人。

（5）活动器材：眼罩、纸、笔、挂图用的白板。

（6）活动过程：

① 所有队员用眼罩将眼睛蒙上，培训师分发纸和笔，每人一份。

② 要求蒙着眼睛将自己的家或者培训师指定的东西画在纸上。完成后，让队员摘下眼罩欣赏自己的作品。

（7）活动效果：

通过游戏，队员们认识到，这个游戏看似简单，其实蕴含了很多道理。我们的眼睛负责看东西，可是总有些东西摆在那里而我们却看不到又或者看到了却不去注意，这些都不利于我们的工作。闭上眼睛，我们会按照自己心里的想法行事，也许画出来的与自己期望的差很远，但却是真正印在心里的东西。在安全生产中，只有真正印刻在心里的东西，才能指导我们安全操作。

案例十七：信任背摔

（1）活动目的：建立团队成员彼此间的信任关系，提升员工心理素质，克服恐惧、焦躁等不良心理。

（2）活动时间：30分钟左右。

（3）活动器材：束手绳、储物箱（存放员工随身物品）。

（4）场地要求：高台最宜。

（5）活动人数：50人。

（6）活动规则：

① 一名队员站到高台上，背对着其他队员，然后闭目向后倒，其他的队员在后面两两双手紧扣搭成一个网接住队员。

② 向后倒的队员准备好后，自己大声喊“一、二、三”让所有人都准备好，然后倒下。

③ 如果自己不敢往后倒下，最好让培训师帮助，就是自己闭上眼睛，

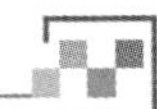

培训师喊“一、二、三”之后，向后推倒他。

（7）注意事项：

① 背摔的人需要绑住双手，脚后跟 1/3 站出高台，身体重心上移保持垂直倒下，不能跳跃和小腿弯曲，要控制双脚并拢，不要踢腿。

② 底下搭人桥的队员，第一组选择个子矮的女生，第二、三、四组选择个子高的男生，每名队员要肩膀紧挨，不要有缝隙，剩余的人在人桥的后面保护人桥的稳固。

③ 该拓展游戏开始前，培训师可以以一个故事布置场景，将大家带入游戏，比如一艘即将沉没的船或一栋着火的大楼，一个同伴被困在上面，大家需要一个稳妥的方法让同伴安全下来。

（8）活动效果：

通过参加本项活动，队员们认识到：

① 表面看起来很难的事，其实并没有想象中那么可怕。在工作、生活中，遇到困难并不可怕，可怕的是失去解决困难的勇气和信心。

② 团队同伴的承诺是一种宝贵的资源，是勇气、力量和信心的源泉。

③ 工作中的信任，来自长期的沟通、了解和默契，集体的温暖、团队的力量都会在信任中得到解释和感受。

④ 一个团队成立时，一定要建立强有力的组织指挥体系，进行合理的分工和协作，才能保证团队工作有序开展。

⑤“我为人人，人人为我”，对待帮助自己的人，要有感恩的心，学会帮助别人，才会被别人帮助。

案例十八：齐眉棍

（1）活动目的：提高员工在工作中相互配合、相互协作的能力，引导员工理解统一的指挥对于团队成功有着至关重要的作用。

（2）活动时间：30 分钟左右。

（3）活动器材：3 米长的轻棍。

（4）活动场地：文化广场。

（5）活动人数：70 人。

（6）活动过程：

① 全体参与人员分成两列，面对面相向站立。

② 每个人将双手举起，与额头齐平，每只手只伸出一根食指。

③ 在两列之间放上轻棍，所有参与人员先用食指在下面托起棍子，然后缓慢水平下降，最终将棍子放在地上。如图 6-13。

④ 其间，所有人的食指不能与棍子脱离，必须时刻紧贴棍子，棍子必须水平下移，否则游戏失败，需要重新开始。

图 6-13　齐眉棍

（提示：游戏开始前，队员们可以先内部沟通，比如统一命令、任命队长。）

（7）活动效果：

这项活动让大家体会到只能由一个人发号施令，且命令发出后大家需要一致行动；明白了“做好自己”就是对团队最大贡献的道理；队员们深刻体会到了工作中协调配合的重要性。

案例十九：电波传动

（1）活动目的：感受团队的力量，体会自己在团队中的作用，从而提高人际交往的积极性，更好地融入团队，做更好的自己。

（2）活动时间：30 分钟。

（3）活动地点：团体辅导室。

（4）活动人数：40 人。

（5）活动过程：

① 所有队员手拉手，面朝内站成一圈。

② 第一次练习：随意在圈中选出一个人，让他用自己的左手举起相邻同伴的右手并迅速放下，第二个人便感受到了队友传递过来的信号，这里我们把它称为“电波”。告诉大家收到“电波”后要迅速把电波传递给下一个队友，也就是要用自己的左手快速举起下一名队员的右手并放下。这样一直继续下去，直到“电波”返回起点。

③ 第二次练习，用秒表记录“电波”跑一圈所需要的时间。由裁判宣布“游戏开始”，并开始计时。当“电波”传递返回到起点的第一名

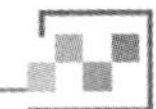

队员时，该队员需要大声喊“到”，以示意“电波”传递结束，裁判停止计时。

④ 告诉大家“电波”传递一圈所用的时间，鼓励一下大家，然后让大家重新做一次电波传递，希望这次传递能更快一些。

⑤ 让队员们重复做几次电波传递，以及做反向的电波传递，记录下每次传递所用的时间，待所有队员都熟悉游戏规则后开始正式比赛。

⑥ 按事先分配好的队伍（10 人/队），每队以不同的缎带颜色区分。

⑦ 正式比赛开始，各队比赛时需所有队员面朝外站立进行电波传递。比赛共分两轮，每轮需正向传递一次、反向传递一次。两轮共四次的电波传递时间相加之和作为每支队伍的总用时。用时短者获胜。

⑧ 在比赛结束后，为了让大家缓解比赛的紧张气氛，使游戏更加有趣，可让所有队员手拉手面朝外站成一圈，悄悄告诉第一个人同时向两个方向传递“电波”，而且不要声张，看看这样会带来什么有趣的效果。

（6）活动效果：

队员在活动中体会到了自己在集体中的作用，增强了团队意识和责任感。

案例二十：危险排雷法，隐患排查好

（1）活动目的：帮助员工树立团队合作意识，提高团队的整体能力，增强全体队员共同战胜困难的决心和勇气。

（2）活动时间：90 分钟。

（3）活动地点：运动场。

（4）活动人数：100 人。

（5）活动过程：

① 将一个盛满水的杯子放在地上，用一条 30 米长的绳子在水杯的周围均匀地围成一个圈。

② 告诉员工，最中间的就是模拟历史遗留下来的一枚没有爆炸的地雷，会给该地区造成很大危险。

③ 所有人都是本次排雷的特工，任务就是派出一人取出地雷并引爆，其他人协助。

④ 在任务执行过程中，所有人都不可以进入圈内，两条绳子和小竹

棍为防辐射物品，可以进入辐射区，但是不能碰到地上，否则会引爆地雷，该特工被认定为阵亡。如图6-14。

图6-14 危险排雷法

⑤ 用时最短优先完成任务的队组为获胜一方。

（6）活动效果：

通过活动，队员们认识到要想获得成功，就需要将团队中每个人的责任划分明确，通力合作，互相支持，才是最根本的成功之道。

案例二十一：你的改变，是我最大的心愿

（1）活动目的：使员工体验改变习惯的困难，明确改变习惯需要坚持，渐进养成工作、生活的好习惯。

（2）活动时间：20分钟。

（3）活动地点：团体辅导室。

（4）活动人数：40人。

（5）活动过程：

① 所有人围成一个圈。

② 让所有人伸出双手，两手交叉，十指相握，大约10秒。

③ 让所有人以和刚才相反的姿势十指相握，约10秒，感受与刚才的动作有什么不同。

④ 大家进行放松后，请所有人将自己的双手习惯性交叉、相握。

⑤ 再次请所有人将双手以相反方向进行交叉、相握，体验感受。

⑥ 进行提问：第一次双手交叉和改变时有什么感受？放松后再次交叉和改变后的感受与第一次有什么不同？

（6）活动效果：通过两次不同的感受，队员们体会到改变习惯是一件很不舒服的事情。在日常的工作和生活中，要想改变不良习惯，如习惯性违章等也是不容易的，一定要长期坚持强化，最终才能养成新的良好习惯。

案例之二十二：齐心合力吹气球，分工合作效率高

（1）活动目的：帮助员工充分体会分工合作的重要性，提升员工团结协作的意识和能力。

（2）活动时间：20 分钟。

（3）活动场地：团体辅导室

（4）活动人数：60 人。

（5）活动器材：每组各六张纸签，分别为嘴巴（一张）、手（两张）、脚（两张）、气球（一张）；气球（每组一个）。

（6）活动过程：

① 分组不限，但每组必须要有 6 人。

② 请每组各人抽签。

③ 首先，抽到“嘴巴”的人必须借助抽到“手”的两个人的帮助把气球吹大（抽到“嘴巴”的人不能用自己的手拿气球）；抽到“手”的两个人合力把气球系住；然后由抽到“脚”的两个人抬起抽到“气球”的人把气球给坐破。如图 6-15。

图 6-15　齐心合力吹气球

（7）活动效果：

通过参加本次活动，队员们充分体会到分工合作的意义和价值。充分利用每一个成员的能力，为同一个目的而努力，既可以提高效率，又能体会到团队效果大于单个人的效果之和。在团队合作中，虽然每个人的初衷是好的，但由于用力方向和工作重点不同，很可能会导致团队效率低下，反而没有达到团队合作的目的，所以，在工作中就需要大家不

停磨合，不断适应彼此的工作规则，从而做到能够紧密配合地工作。

案例二十三：女员工协管员沟通协调能力团体辅导

（1）活动目的：更好地发挥女员工协管员作用，促进女员工协管员协管安全方法创新。

（2）活动时间：220分钟。

（3）活动地点：灯光球场。

（4）活动人数：每期60人。

（5）活动器材：

① 小纸条、喇叭、秒表、号码贴。

② 眼罩3个、30米绳子1条、20米绳子3条、水杯3个、短竹竿3个。

③ 细管18根、木板3块、乒乓球3个、报纸若干张、粗半管3套。

（6）活动要求：

① 培训过程中必须严格遵守纪律，严禁脱离团队擅自行动。

② 贵重首饰、手表请勿佩戴，以免运动中遗失或损坏。

③ 参加训练时必须穿运动鞋，着装简洁，适合运动。女士应穿裤装，忌穿裙子。

④ 如患有不适于参加激烈运动疾病人员，应事先通知培训师，以作统一安排。

⑤ 保持训练区域整洁，产生的垃圾或废物请随身带走。

（7）活动过程：

① 破冰游戏——跑得了，跑不了。

“破冰”之意，是打破人际交往怀疑、猜忌、疏远的藩篱，就像打破严冬厚厚的冰层。

所有队员围成一个圆圈，左手摊开，右手伸出食指放在右边队员左手的虎口处。之后圆圈开始转动，培训师喊：“1，2，3，1，2，3，…”随机地喊出“4”时，所有队员用左手去抓其左边队员的食指，而自己的右手食指不能被抓到。

② 危险排雷。

a. 将一个盛满水的杯子放在地上，用一条30米长的绳子在水杯的周围均匀地围成一个圈。

b. 布置任务：所有小组成员就是特工人员，任务就是在规定时间内全员合作，将规定区域中的隐患排除。

c. 注意：圈内为辐射区，所有人都不可以随意进入圈内，被派出的队员可以借助防辐射物品（两条绳子、竹竿、眼罩）进入辐射区，但是不能碰到地上，否则，进入圈内的人员阵亡。如图 6-16。

图 6-16　危险排雷

③ 挑战 110。

在规定的时间 110 秒内完成五项任务：不倒森林、传球接龙、过河搭桥、绝地求生、我们是最棒的。

a. 不倒森林：6 人站成一圈，手扶细管而立，人依次向前走动而棍不动。

b. 传球接龙：8 人手拿粗半管接球，使球最终滚入 10 米远处的水杯中。球停、倒退、落地都重做。

c. 过河搭桥：6 个人依次搭桥到达 10 米远的岸边，每块板上三个人，脚不能着地。

d. 绝地求生：6 人站在一块板上，脚不能着地，坚持 5 秒。

e. 我们是最棒的：全体队员参加，先拍 n 下，同时说 n 个字，然后拍左边人后背 n 下，再拍右边人后背 n 下，依次递增。脚要相互挨上。

④ 活动总结分享。

a. 鼓掌祝贺成功完成任务或付出的努力。

b. 回顾完成任务的过程。

c. 培训师邀请队员讲述自己的感想，谈谈参加这项活动有什么收获和启示。

d. 培训师进行活动总结。

（8）活动效果：

通过培训，充分调动了女员工协管员协管安全的积极性，队员们深刻地认识到做好协管工作必须要用真心、耐心、恒心，只有这样才能帮助矿工真正树立起安全意识。本次培训活动在员工之中营造了浓厚的安全生产氛围，促进了煤矿安全文化建设。

（二）心理沙龙类

案例二十四：管理情绪，保障安全

（1）活动目的：了解自己的情绪，学会调节情绪的技巧，以最佳的情绪状态进行工作，为安全生产提供保障。

（2）活动时间：60 分钟。

（3）活动地点：基层队组。

（4）活动人数：245 人。

（5）活动形式：室内团体活动，知识讲解。

（6）活动过程：

① 规则：每组队员按顺序站好。每人嘴里含一支吸管，第一个人在吸管上放一个钥匙环之类的东西。

图 6-17　吸管传物

比赛开始时，不许用手接触吸管和钥匙环，只用嘴含吸管把钥匙环往下传，传到最后一个人嘴含着的吸管上，游戏结束。如图 6-17。

② 在中途如果吸管或钥匙环掉下来，则要重新开始，所以要保证严肃。

③ 运输最快的队胜出。

④ 培训师结合活动讲解情绪管理技巧。

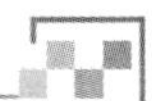

（7）活动效果：

通过学习压力管理与情绪调节的科学知识和实操技巧，提高管理人员和员工对压力和情绪的认识及管理能力。学会与自己对话、与压力为友，学会调适负面情绪，以积极正面的情绪迎接崭新的每一天，从而促进和谐队组建设，推动矿区安全生产。

案例二十五：感恩从心开始，让爱温暖你我

（1）活动目的：使员工明确有爱就拥有一切，让员工带着感恩的心态投入到工作中。

（2）活动时间：50 分钟。

（3）活动地点：队组会议室。

（4）活动人数：266 人。

（5）活动形式：室内团体活动，体验式分享。

（6）活动过程：

① 让员工讲述自己在工作和生活中遇到的难忘或感人的故事，并谈谈自己的感受。

② 让员工把想表达的感恩之情通过手机微信、短信或写感恩卡的形式表达出来。如图 6-18。

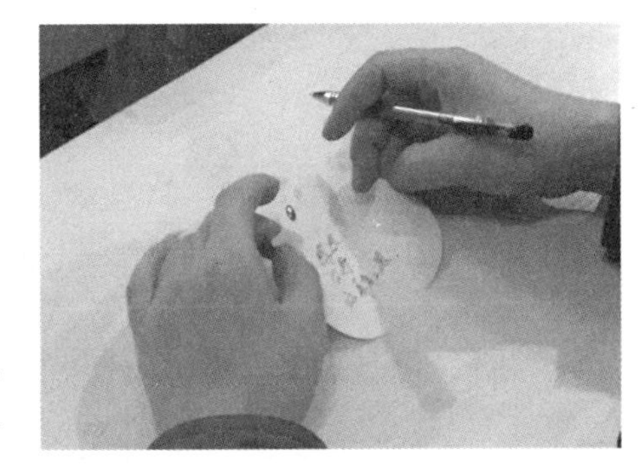

图 6-18　写感恩卡

（7）活动效果：

通过活动，每一名参与活动的员工都感受到了生命的可贵与生活的美好，了解感恩、关注感恩、学会感恩，促进了员工感恩亲人、感恩企业、回报企业的自发性，提升了员工的凝聚力、执行力和战斗力。

案例二十六：小气球大能量，减压调试效果好

（1）活动目的：帮助员工缓解压力，树立良好的职业心态。

（2）活动时间：50 分钟。

（3）活动地点：队组会议室。

（4）活动人数：230 人。

（5）活动形式：室内团体活动，体验式互动。

（6）活动过程：

① 请队员把引起压力的因素按照严重性从大到小排列。

② 针对影响力最大的压力因素，回忆自己过往的反应，一边想象一边把它吹进第一个气球里。

③ 拿一个大头针刺破第一个气球，随着气球爆炸，想象原有的压力反应也随之不见了。

④ 将第二个气球吹大，想象将正能量一口一口地吹进气球，然后在吹大的气球表面写下对压力的新反应。

⑤ 象征性地把新行动或新思想画在气球上。

⑥ 把气球轻轻地抛在空中，让它漂浮一会儿，以便能完全吸收这些信息。如图 6-19。

图 6-19　小气球大能量

（7）活动效果：

帮助员工增加了对工作、生活中的压力与心理健康知识的了解，为员工树立正确的职业心态，培养快乐生活、快乐工作的人生态度奠定了坚实的基础。

案例二十七：朗读，遇见更好的自己

（1）活动目的：使员工家属在朗读的过程中认识自己、了解自己、提升自己、完善自己。

（2）活动时间：70 分钟。

（3）活动地点：社区工作站。

（4）活动人数：48 人。

（5）活动形式：室内朗读，体验式分享。

（6）活动过程：

① 现场进行古诗词朗读，体验读书疗法对心身的影响。

② 五名朗读者通过“一个人 一段文 一个故事”环节，用真实、真挚的情感，从读书中体味生活的美好和快乐，释放压抑的心情，缓解心理困惑，寻找生命的感动。如图6-20。

图 6-20 室内朗读

③ 通过集体朗读，让每个人遇见更好的自己，认识到幸福就在自己身边。

（7）活动效果：

通过创新实施团体咨询“读书疗法”，缓解了工作和生活压力给员工家属带来的心理困惑以及抑郁、焦虑、恐慌等心理问题。

案例二十八：小手牵大手，安全伴我走

（1）活动目的：用亲情感动员工，让员工牢记安全。

（2）活动时间：50 分钟。

（3）活动地点：基层队组。

（4）活动人数：500 人。

（5）活动形式：室内团体活动，体验式分享。

（6）活动过程：

① 各基层队组逐次邀请本单位员工子女，利用班前班后会 5 到 10 分钟，对本单位所有员工进行一次亲情教育，活动形式多样化，员工子女为父亲画一幅安全漫画、朗诵一首安全诗歌、读一封安全家书、读一句安全寄语等。如图 6-21。

图 6-21 用亲情感动员工

② 子女受邀的员工在会上进行分享体会，单位的负责人进行简单点评，激励员工时刻牢记安全，用勤劳和智慧共建安全矿山，用亲情和真

情感动每一名员工，促进员工争做安全自觉人和安全放心人。

③ 获评优秀作品的受邀员工子女将收到精美礼品一份，以资鼓励。

（7）活动效果：

所有参与活动的员工真切感受到了安全生产不仅关系到矿区发展，更关系着每一个家庭的幸福。

案例二十九：排一排家庭树，理一理亲人情

（1）活动目的：重视老年人的身心健康状况，关爱老年人，提升老年人的幸福指数。

（2）活动时间：50分钟。

（3）活动地点：社区工作站。

（4）活动人数：90人。

（5）活动形式：室内团体活动，体验式互动。

（6）活动器材：A4纸40张、画板笔2支、宽胶带一卷、剪刀1把、纸巾1包、红带子30个。

（7）活动过程：

① 主持人先送祝福，然后带领大家做手指操、拍手歌，活跃气氛。

② 做心理沙龙“排一排家庭树，理一理亲人情”，通过家庭系统排列为所有想与伴侣、父母、子女或其他的人际关系维持和谐的人提供可靠的指引。同时为已经破损的关系提供解决方法。如图6-22。

图6-22　心理沙龙

③ 现场进行个体心理咨询，为老年人解决心理困惑。

（8）活动效果：

缓解、消除了长期埋藏在人们心灵深处的困扰，让家庭更加和谐幸福；提升了老人们的沟通能力、情绪管理能力，帮助其改善了人际关系。与此同时，让老人们了解爱的法则，学会了智慧的爱，让爱流动，感受生活的幸福和真谛。

案例三十：今天，你感谢了谁?

（1）活动目的：使员工了解感恩的意义，学会感恩的方式，培养施恩、感恩、报恩的意识，激发员工的责任感和使命感

（2）活动时间：50 分钟。

（3）活动地点：社区工作站。

（4）活动人数：员工家属 48 人。

（5）活动形式：室内团体活动，体验式互动。

（6）活动过程：

① 首先让队员放松身心，让大脑处于宁静状态。

图 6-23　体会感恩

② 请现场的每一名队员拿出一张白纸，认真思考后，在纸上写下其认为最珍贵的五样东西，其中两样必须是自己和自己的父母（要求：不必考虑顺序，排名不分先后）。如图 6-23。

③ 思考 1 分钟后，请划去其中三项，主持人在旁发言，引导员工家属体会到失去的痛苦。

④ 请大家再划去一项，在划去的过程中，认真体会自己的感受。

（7）活动效果：

使队员增强了知恩、感恩、报恩的心理，更加感恩亲人、感恩企业、感恩社会。

案例三十一：感恩父母，真情永恒

（1）活动目的：用一颗感恩的心去对待父母，用一颗真诚的心去与父母交流。

（2）活动时间：60 分钟。

（3）活动地点：社区。

（4）活动人数：员工家属 130 人。

（5）活动形式：室内团体活动，体验式互动。

（6）活动过程：

① 参加体验的员工家属闭上眼睛思考：有多久没有好好地看一看家

人了，有多久没有给他们一个拥抱，有多久没有给他们说过“我爱你”了……

② 睁开眼睛后，和身边的亲人进行对视，坚持三分钟。在这三分钟内，你会想到什么，又做些什么。如图 6-24。

③ 征集志愿者，谈谈通过和亲人对视后的感受和表现。

④ 最后，给身边人一个深深的拥抱。

图 6-24　和亲人对视后的感受

（7）活动效果：

通过这一活动，让子女们更加理解父母之爱，感受父母之情，体验到亲情的无私和伟大；让员工家属懂得为什么要感恩父母，让子女学会如何去理解父母、尊敬父母、体谅关心父母，与父母和谐相处。

案例三十二：树立好家风，传承好家训

（1）活动目的：了解家风，树立家风，传承家训。

（2）活动时间：60 分钟。

（3）活动地点：社区工作站。

（4）活动人数：员工家属 84 人。

（5）活动形式：室内团体活动，体验式分享。

（6）活动过程：

① 齐唱歌曲《中华好家风》。

② 主持人与大家一起探讨古今名人的家风家训，以及带给大家怎样的感悟。

③ 让现场的员工家属思考一下自己家的家风家训，并把它写在卡片上，交给工作人员。

图 6-25　传承家训活动现场

④ 邀请现场的参与者为大家分享自己家的家风家训和其中的感人故事。如图 6-25。

⑤ 一起讨论如何才能将我们的优良家风家训传承下去。

（7）活动效果：

通过学习家庭中各个角色所承担的责任以及相处之道，员工家属学到了传统的家风家训，带动了他们在日常生活中营造和谐的家庭氛围，产生弘扬中华好家风的动力。

案例三十三：爱在身边，感恩你我

（1）活动目的：促进员工之间的友情，提升队组员工的凝聚力。

（2）活动时间：60 分钟。

（3）活动地点：队组会议室。

（4）活动人数：100 人。

图 6-26 猜词游戏

（5）活动形式：室内团体活动，体验式分享。

（6）活动过程：

① 每组 2 名队员参加，一人比划一人猜。

② 每组 30 个关于安全和感恩的词，限时 2 分钟。

③ 比划时只能用肢体语言的形式向猜词者传达信息，不得说出任何字。如图 6-26。

④ 猜不出可以喊“过”，只能喊 3 次。

⑤ 观众不能提醒。

⑥ 词语答对最多一组获胜。

（7）活动效果：

通过此次活动，每一名参与的员工都感受到了生命的可贵与生活的美好，促进了员工感恩亲人、感恩企业、回报企业的自发性，提升了员工的团队凝聚力。

案例三十四：精诚合作，其力无穷

（1）活动目的：让员工体会合作的力量，认识到只有团结一致，齐心协力才能成功。

（2）活动时间：90 分钟。

（3）活动地点：队组会议室。

（4）活动人数：350人。

（5）活动形式：室内团体活动，体验式互动。

（6）活动过程：

① 通过课堂上的互动，营造浓烈的课堂氛围。

② 一起探讨在安全生产工作中情绪对人的影响。

图6–27 “齐心协力”活动

③ 邀请员工家属一起体验“齐心协力”团体活动的魅力，鼓励一家人在工作、生活中要互相理解、勤于沟通，避免不良情绪给工作带来负面作用。如图6–27。

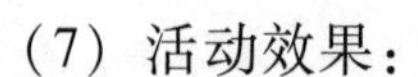

（7）活动效果：

通过参与活动，队员们充分认识到，无论是在家庭之中还是在工作团队里，齐心协力是圆满完成任务的前提和保障，激发了员工家属支持员工工作、队组同事相互支持的热情。

案例三十五：以眉目传情，学沟通技巧

（1）活动目的：明确企业管理中沟通的概念；明确有效沟通的方式；明确有效沟通的过程。

（2）活动时间：30分钟左右。

（3）活动场地：团体辅导室。

（4）活动人数：120人。

（5）活动形式：室内团体活动，知识讲解。

（6）活动规则：

① 每组队员排成一列，教练把密码纸给最后一名队员，该队员拿到密码纸后通过面部表情把数字告诉自己前面的队员，通过这种方式逐一向前传递信息，传递完的人员立即向后转。由最后接收信息的队员报出所接收到的数字。

② 整个传递过程中不许说话，不许出声，不许回头，不许观看，不许讨论。

③ 面部表情所代表的含义：嘴代表百位，动一下嘴代表一百；左眼代表十位，动一下左眼代表十；右眼代表个位，动一下右眼代表一，以

此类推。如图 6-28。

④ 练习时间 15 分钟。

⑤ 培训师讲解沟通的有关知识，介绍有效沟通的技巧。

（7）活动效果：

通过参加活动，队员们感受到：

① 在人与人之间的沟通中，身体语言往往能起到举足轻重的作用。同样的一句话配合不同的动作说出来就可以表达出不同的意思。如果你笑着说一句话，人家会感觉很愉快；但如果你是板着脸说的，气氛肯定不是很融洽。所以我们在与人交流的时候一定要注意自己的身体语言。

图 6-28　传递数字

② 人和人的沟通方式有单向沟通和双向沟通两种。单向沟通是没有反馈的信息沟通，双向沟通是有反馈的信息沟通。

③ 在现实生活中，用正确的方式与同伴沟通和交流，就会减少很多不必要的误会，也会减少很多为解决琐事而耗费的精力，有利于全身心地投入到工作之中。

案例三十六：以感恩心做人，以责任心做事

（1）活动目的：树立良好的学风，带动良好的工作作风。

（2）活动时间：2 小时。

（3）活动地点：团体辅导室。

（4）活动人数：50 人。

（5）活动形式：室内朗读，体验式分享。

（6）活动过程：

① 朗诵环节：由部分员工分享在生活中带给自己感动的“感恩小故事”。

② 主题讲座：咨询师通过现场互动、案例分析，从心理学的角度层层递进地讲解感恩的定义、感恩的方式、感恩缺失的危害等内容。

③ 分享环节：员工谈自己对“感恩与责任”的理解，以及参加本次

读书分享会的感悟。如图 6-29。

④ 唱歌环节：齐唱歌曲《感恩的心》。

（7）活动效果：

从“感恩小故事”切入，引起了现场所有人的思考和共鸣；主题讲座将“感恩与责任”的理解提升了一个新高度；在分享环节，现场气氛达到了高潮，大家畅所欲言，纷纷表示通过此次活动，对“感恩与责任”有了新的理解和感悟。本次读书分享会，为树立良好的学风、带动良好的工作作风起到了积极的促进作用。

图 6-29　读书分享会

案例三十七：世界读书日，最美读书情

（1）活动目的：以 4 月 23 日“世界读书日”为契机，举办主题为“最美国学”的读书会活动，将国学与心理学、安全心理学相结合，学习传统文化，诵读国学经典，旨在启迪员工从国学中学习古人的智慧，得到心灵的洗礼，传承中华传统文化。

（2）活动时间：80 分钟。

（3）活动地点：会议厅。

（4）活动人数：100 人。

（5）活动形式：室内朗读，体验式分享。

（6）活动过程：

① 发现国学之美。讲解什么是国学，追溯国学与心理学的相通之处，并和在场员工一起探索国学中蕴含的安全方略，例如，居安要思危、防微且杜渐、未雨也绸缪、长治则久安，等等。可见，在煤矿的安全管理中，国学有着重要的指导意义。

② 品读国学经典。《上善若水》《格物致知》《仁者爱人》《诫子书》《锲而不舍》《爱莲说》。每一篇均先放映小视频，然后由一名员工为大家解读，最后带领现场员工诵读一遍。

③ 传承国学精神。进行接龙小游戏。游戏规则如下：

接龙游戏限定主题为“做人与做事”。

在场员工平均分为6组，5分钟时间分组讨论与主题相关的国学经典。如图6-30。

按顺序依次接龙，每组分享一段与主题相关的国学经典和解读，内容不得偏离主题、不得重复。在规定时间内轮到但答不出的组则被淘汰，其余的组继续接龙。

④ 为现场员工发放图书，鼓励大家多读书、读好书。

（7）活动效果：

通过学习传统文化、诵读国学经典和国学接龙游戏，所有人徜徉于国学经典之中，感受着中华传统文化的巨大魅力，员工从国学中学习到了古人的智慧，心灵得到洗礼，中华传统文化得到传承。

图6-30　举办读书会

案例三十八：诵读经典，传承感恩

（1）活动目的：通过朗读活动，激发广大员工家属的阅读热情，培养良好的阅读习惯，缓解内心的困惑，丰富心灵，提高幸福指数，使广大员工家属保持健康乐观的心境。

（2）活动时间：90分钟。

（3）活动地点：职工公寓工作站。

（4）活动人数：110人。

（5）活动形式：室内朗读，体验式分享。

（6）活动过程：

① 现场互动体验《花开朵朵》，让员工以放松的状态投入到读书会

中。

② 配乐诗朗诵《当你老了》，把现场员工带入了一个轻松雅致的氛围中。

③ 通过《接纳平凡，会走得更加从容》的诵读，提示广大员工在日常生活中，放宽心胸，从容徐行，领略生活的真谛，活出自己的精彩。

④ 通过诵读《背影》《感恩的心》《生活需要仪式感》等经典文章（图 6-31），牢记父母的养育之情，对父母要常怀感恩之情，常做陪伴之事。

图 6-31　诵读经典

⑤ 现场进行读书感悟分享，最后合唱《我相信》。

（7）活动效果：

随着生活节奏的加快，人们也日趋习惯于快速浅阅。通过此次读书会，激发了广大员工家属的阅读热情，促进了员工家属人格的完善和心理的发展。同时也使员工家属的压力得到了缓解，身心得到了放松。

案例三十九：促团结，保安全，提绩效

（1）活动目的：针对安全生产任务重、压力大等实际情况，开展“促团结·保安全·提绩效”系列活动，旨在帮助员工缓解心理压力，学会沟通技巧、增强团队协作精神、强化安全执行力，从而确保员工以安全的心理状态投入工作，营造浓厚的安全生产氛围。

（2）活动时间：180 分钟/期。

（3）活动地点：各队组会议室。

（4）活动人数：50 人/期。

（5）活动形式：室内团体活动，体验式互动。

（6）活动过程：

① 破冰游戏——大风吹，如图 6-32。

图 6-32　破冰游戏

② 坐地起身，如图 6-33。

图 6-33　坐地起身

③ 猜猜安全词语，如图 6-34。

图 6-34　猜安全词语

④ 人椅，如图 6-35。

图 6-35　人椅

⑤ 齐心协力吹气球，如图 6-36。

图 6-36　齐心协力吹气球

⑥“我们是最棒的”活动，如图 6-37。

图 6-37　“我们是最棒的”活动

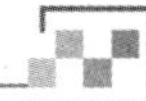

（7）活动效果：

通过参加轻松愉快的游戏培训，员工们打破了心理壁垒，增强了自信心和团结协作、克服困难的精神，学会了换位思考，增强了彼此之间的相互信任和理解，促进了团队执行力的提升，为圆满完成生产任务提供了强有力的心理保障。

案例四十：抱怨不如改变，做更好的自己

（1）活动目的：启发广大员工家属树立不抱怨的生活态度，让不抱怨成为自己思考和行为的习惯，不仅自己发生积极的改变，还要影响和带动身边的人用积极的人生态度共同创造美好的生活。

（2）活动时间：90 分钟。

（3）活动场地：空旷的场地。

（4）活动人数：40 人。

（5）活动形式：体验式互动。

（6）活动器材：宣传条幅、“不抱怨”手环、正能量卡片、气球等。

（7）活动过程：

① 悬挂条幅“抱怨不如改变　做更好的自己”，发放宣传资料。

② 让员工在“正能量卡片”上写下自己的优点或激励自己的话（员工自己保存）。

③ 给参与活动的员工家属发放“不抱怨”手环，并在活动条幅上签名。培训师介绍“不抱怨”手环的使用方法：“不抱怨”活动是美国著名的心灵导师威尔·鲍温于 2006 年夏天发起的，该活动邀请每名参加者带上一个“不抱怨”手环，只要一察觉自己抱怨就将手环换到另一只手上，以此类推，直到这个手环能持续戴在同一只手上 21 天为止。如图 6-38。

图 6-38　“不抱怨”手环

④ 个体咨询：针对队员提出的心理问题，给予专业的心理辅导。

⑤ 减压小游戏：踩气球。每个人左脚上绑 3 个气球，用右脚去踩别人脚上绑的气球，最后一个脚上还剩有气球的人获胜。

（8）活动效果：

通过本次活动，队员们认识到了抱怨的危害和不抱怨的益处，激发了队员不抱怨的意识。队员更加关注自己的心理健康，心理素质得到了一定的提升。

（三）团体讲座类

案例四十一：排解抑郁症，体验见实效

（1）活动目的：正确面对抑郁症，掌握排解抑郁的方法。

（2）活动时间：50 分钟。

（3）活动地点：社区工作站。

（4）活动人数：140 人。

（5）活动形式：多媒体专题讲座、角色扮演。如图 6-39。

图 6-39　排解抑郁症专题讲座

（6）活动过程：

① 认识什么是抑郁症。

② 通过角色扮演了解抑郁症患者的感受。

③ 区别抑郁症和普通的抑郁情绪。

④ 学习和掌握调整不良情绪的方法。

（7）活动效果：

通过普及抑郁症常识，员工家属及时调整了不良情绪，并学会了排解抑郁的方法，增强了积极应对生活问题的能力。

案例四十二：幸福“心”帮助，快乐手牵手

（1）活动目的：增强员工家属的自我保健、自我保护、自我调整的能力，提高员工家属的心理健康水平，促进家庭和谐，保证煤矿安全生产。

（2）活动时间：80 分钟。

（3）活动地点：职工公寓工作站。

（4）活动人数：100 人。

（5）活动形式：多媒体专题讲座，体验式互动。

（6）活动过程：

① 通过互动体验“快乐手牵手”，调动现场气氛，让大家更好地投入到课堂中。如图 6-40。

图 6-40　“快乐手牵手”活动现场

② 讲座主要围绕女性心理健康、亲子桥梁、赢在职场以及和谐家庭四个方面内容，结合社会热点问题和工作、家庭、亲子等多方面生动的案例，从认知心理学角度进行分析解读，指出了克服职业“倦怠症”的方法，剖析亲子关系的技巧，分析幸福婚姻的金钥匙，提出创建沟通模式的新途径。

（7）活动效果：

活动内容通俗易懂、深入浅出、实用有效，使广大女性学会了在工作和生活中如何保持良好的心态，从认知和行动上享受了一次彻底的“心理按摩”，为矿区广大女性提供了一顿营养丰富的心灵大餐。

案例四十三：沟通传真情，协管促安全

（1）活动目的：进一步提高全矿女员工协管员的综合素质，发挥女员工协管员的安全协管主力军作用。

（2）活动时间：150 分钟。

（3）活动地点：团体辅导室。

（4）活动人数：60 人。

（5）活动形式：室内讲座，体验式互动。如图 6-41。

图 6-41　互动体验

（6）活动过程：

① 首先对女员工协管员进行心理测评，并对测评结果进行分析讲解。让全场女员工协管员多角度进行自评，了解近期自身心理健康状况。

② 通过违章心理分析主题心理讲座，为在场的女员工协管员们讲解安全心理学相关知识，通过分析几种常见的违章心理和实际案例，找出应对措施，让在场的协管员进一步提升安全帮教工作能力。

③ 在沟通技巧环节中，通过互动体验“眉目传情”，让协管员体验了实际沟通中遇到的“烦心事”，通过了解倾听的 5 个层次，指出了在实际工作中我们最容易忽略的问题和常犯的错误，教会大家如何在安全协管工作中与员工面对面交流。

④ 放松体验：女员工协管员自由体验宣泄室、阅览室、压力与情绪管理放松活动。

（7）活动效果：

通过本次女员工协管员培训，提升了协管员的协管安全工作能力，增长了协管员的知识，懂得了安全心理状态对安全生产的重要性；增强了女员工协管员的责任感和使命感，激发了大家对协管安全工作的热情和积极性。队员们表示，在今后的帮教工作中，将努力帮助煤矿职工保持阳光、健康的心态，使其积极快乐地从事安全生产工作。

案例四十四：另眼看世界，幸福伴我行

（1）活动目的：让员工能够以积极的心态来面对工作和生活。

（2）活动时间：60 分钟。

（3）活动地点：队组会议室。

（4）活动人数：600 人。

（5）活动形式：多媒体专题讲座。

（6）活动过程：

讲解心理健康基本知识，开展心理咨询和辅导，向少数有心理困扰的员工提供心理支持。如图 6-42。

图 6-42　心理健康专题讲座

（7）活动效果：

通过活动，广大员工了解了心理健康知识，学到了缓解工作和生活压力的小技巧，促进广大一、二线干部员工在现有煤炭经济形势不景气的压力下，变压力为动力，化挑战为机遇，为煤矿安全生产做出应有的贡献。

案例四十五：体验式培训，注意力提升

（1）活动目的：帮助员工家属学习儿童注意力的训练方法。

（2）活动时间：60 分钟。

（3）活动地点：社区工作站。

（4）活动人数：90 人。

（5）活动形式：专题讲座，体验式互动。

（6）活动过程：

① 讲解儿童注意力的相关知识。

② 选择一组家长和孩子，现场体验注意力集中的益处，并分享自己的感受。

③ 通过让员工家属亲自体验生动有趣的训练方法，学会应用注意力家庭训练法。如图 6-43。

图 6-43　体验式培训

（7）活动效果：

通过从视觉、听觉、触觉、综合统觉等几个方面的讲解和训练，教会了员工家属用游戏的方式对孩子进行注意力训练，帮助家长提升解决孩子注意力问题的能力。

案例四十六：叛逆有理，陪伴有方

（1）活动目的：了解青少年叛逆的原因，陪伴青少年健康快乐地成长，促进家庭和谐幸福美满。

（2）活动时间：65 分钟。

（3）活动地点：社区工作站。

（4）活动人数：50 人。

（5）活动形式：专题讲座，体验式分享。

（6）活动过程：

① 咨询师与现场的员工家属共同讨论孩子的叛逆行为有哪些。

② 从心理学的角度分析什么是叛逆，以及导致孩子叛逆的四个心理因素。

③ 针对处于特殊时期的孩子，进行现场讨论。

④ 就如何正确和孩子相处，咨询师提出相关建议。如图 6-44。

图 6-44　体验式分享

（7）活动效果：

通过深入分析孩子叛逆行为的起因，帮助家长学会建立良好亲子关系的方法，提升家长处理亲子教育问题的能力。

案例四十七：情绪“稳”，安全“行”

（1）活动目的：使员工了解不良情绪在工作中的危害性，提升员工心理健康水平。

（2）活动时间：60 分钟。

（3）活动地点：队组会议室。

（4）活动人数：150 人。

（5）活动形式：多媒体专题讲座。

（6）实施过程：

① 讲解什么是情绪。

② 讲解情绪的作用及情绪和安全生产的关系。

③ 探讨影响安全操作的情绪有哪些，并具体分析。

④ 介绍情绪控制和调整的几种措施。如图 6-45。

图 6-45　情绪调节讲座

（7）活动效果：

通过现场讲解、互动、案例分析、情景再现等，和员工面对面交流，讨论不良情绪对安全生产的影响，使员工真正理解不良情绪对安全生产的危害，并学会基本的情绪调节方法，拥有阳光、健康的心态，为其快乐地投入到安全生产之中奠定了基础。

案例四十八：感恩于心，责任于行

（1）活动目的：使员工学会减少抱怨和坏情绪，学会用感恩的眼光去看待工作，增强员工的感恩意识，增强责任心，从而使其更积极地工作。

（2）活动时间：45 分钟。

（3）活动地点：团体辅导室。

（4）活动人数：50 人。

（5）活动形式：多媒体专题讲座。

（6）活动过程：

① 和大家一起探讨感恩的心理学定义，以及感恩缺失的危害。

② 与其抱怨，不如感恩，讲解清空坏情绪的方式，用合理情绪疗法改变自己容易抱怨的心理习惯，学会感恩。

图 6-46　感恩意识培训讲座

③ 分析感恩与责任的关系，用感恩的心激发责任感，认真努力工作。如图 6-46。

（7）活动效果：

通过主题讲座，员工明确了感恩与责任的关系，学会了感恩，决心不忘工作初心，以快乐的心情和强烈的责任感投入到每一天的工作之中。

案例四十九：排除外界干扰，保证安全生产

（1）活动目的：从心理学的角度，分析各种社会因素对人的心理及安全生产的影响，提醒员工在生产过程中要注意排除外界干扰，保证安全生产。

（2）活动时间：45 分钟。

（3）活动地点：队组会议室。

（4）活动人数：50 人。

（5）活动形式：多媒体专题讲座，案例分析。

（6）活动过程：

通过理论讲解，配合案例分析，分别从人际关系、生活事件、节假日和生产现场环境等方面，分析其对人的心理及安全生产的影响，并给予相应的建议。如图 6-47。

图 6-47　排除外界干扰讲座

（7）活动效果：

通过主题讲座，员工们了解各种社会因素对安全心理的影响，以及造成工作中分心、反应迟钝等情况的危害，学会排除外界干扰的方法，促进员工保证工作时集中精力工作，减少不安全行为发生。

案例五十：工人入职第一天，管理健康第一课

（1）活动目的：在新工人健康安全培训第一课引入“心理健康”的概念，关爱新工人的身心健康，把好员工入职安全教育第一关，为今后的安全生产打好基础。

（2）活动时间：60 分钟。

（3）活动地点：团体辅导室。

（4）活动人数：100 人。

（5）活动形式：多媒体专题讲座，案例分析。

（6）活动过程：

① 讲解心理健康的意义。从“健康的定义”出发，让大家了解健康不只是没有疾病，而且是躯体健康、心理健康、社会适应良好和道德健康四方面都健全，才是广义的“健康”。

② 分析煤矿井下环境与健康。分别从粉尘、噪声、高温、低温、照明、潮湿等方面，分析井下特殊的环境对人的生理、心理的影响，并提出相应的健康管理防护措施和建议。

③ 介绍情绪与健康、安全的关系。结合案例，探讨情绪与健康和安全的关系，并介绍了调节情绪的方法。如图 6-48。

图 6-48　新工人健康安全培训

（7）活动效果：

采用理论与实践、案例与分析、提问与讨论等有针对性的培训方法，帮助学员明确井下环境与健康和安全以及自身情绪对井下工人身心的影响，使学员掌握健康管理防护措施，健康和安全意识在其心中扎了根，为今后的安全生产打下坚实的基础。

案例五十一：沉重的右臂，烦躁的压力

（1）活动目的：让员工了解心理压力的危害，并掌握缓解压力的有效方法。

（2）活动时间：60 分钟。

（3）活动地点：队组会议室。

（4）活动人数：50 人。

（5）活动形式：多媒体专题讲座，体验式互动。

（6）活动过程：

① 咨询师带领员工一起做观想练习“沉重的右臂”，缓解身体的疲劳。如图 6-49。

图 6-49　练习“沉重的右臂”

② 从心理学的角度出发，就煤矿安全事故原因、员工心理健康状况以及如何缓解和消除心理压力等方面进行了全面详细的诠释。

③ 通过放松练习，让广大员工进一步了解排解负面情绪和释放压力的正确方法。

（7）活动效果：

增强了员工自我疏导、自我减压的能力，提高了员工安全意识和安全责任感，为矿井安全生产以及矿区的和谐发展打下了坚实的基础。

案例五十二：安全“心”动力，团队“新”合力

（1）活动目的：通过主题讲座，进一步增强员工的安全意识，缓解员工工作压力。提升团队凝聚力和执行力，营造浓厚的安全生产氛围。

（2）活动时间：50分钟。

（3）活动地点：团体辅导室。

（4）活动人数：200人。

（5）活动形式：多媒体专题讲座，现场体验放松。

（6）活动过程：

① 主题讲座。根据员工的不同需求，安全心理咨询中心安排了不同的主题讲座课程，包括情绪对安全生产的影响、违章心理分析、感恩于心责任于行，等等。咨询师从心理情绪、违章心理、感恩与责任等层面，深入分析对安全生产带来的影响。就如何减轻职工的心理压力、疏导不良情绪提供了具体有效的方法。来自基层队组的员工可根据自己的需求选择相应的课程。

② 放松体验。主题讲座结束后，员工可以到宣泄室、阅览室、压力与情绪管理室体验放松活动。如图6-50。

图6-50　员工到宣泄室体验

（7）活动效果：

通过此次活动的开展，员工的安全意识、团队凝聚力、责任意识有了

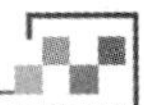

很大提升，形成了良好的安全生产氛围。

案例五十三：远离毒品，从“心”开始

（1）活动目的：提高员工对毒品及其危害的认识，加强员工对毒品的防犯意识。

（2）活动时间：每周二、周五。

（3）活动地点：团体辅导室、各队组会议室。

（4）活动人数：400 人。

（5）活动形式：多媒体专题讲座，案例分析。

（6）活动过程：

① 观看视频，了解吸食毒品对当今社会所带来的严重危害。

② 了解毒品的定义、种类、危害，以及对社会和企业所产生的恶劣影响。

③ 通过真实案例，分析导致吸食毒品的十种常见心理及应对措施。

④ 引导员工加强心理健康，筑牢“防火墙”，预防吸毒。如图 6-51。

（7）活动效果：

本项培训进一步提高了全矿员工抵御毒品的意识和能力，为全矿员工能够从源头上杜绝毒品、远离毒品提供了强大的心理支持。

图 6-51　吸食毒品的危害讲座

案例五十四：心理隐患猛于虎，危机干预促和谐

（1）活动目的：进一步提升全矿员工安全意识，营造浓厚的安全生产氛围。

（2）活动时间：60 分钟。

（3）活动地点：团体辅导室。

（4）活动人数：180 人。

（5）活动形式：多媒体专题讲座，案例分析。

（6）活动过程：

① 对当前煤矿安全生产形势进行介绍。

② 分析事故原因。80%以上的事故是由人的不安全行为造成的。在煤矿事故中，各种违章行为是引发事故的主要原因。

③ 结合影响安全生产的心理状态和具体案例，对常见的违章心理进行详细分析。

④ 对违章心理提出应对措施，让员工变习惯性违章为习惯性遵章。如图 6-52。

图 6-52　安全意识讲座

（7）活动效果：

队员了解了当前煤矿安全生产的形势，明确了引发违章操作的心理原因，掌握了正确应对违章心理的措施，安全生产意识和能力得到了提升。

案例五十五：用心坚守，呵护生命

（1）活动目的：提升基层管理干部应对员工心理危机的能力。

（2）活动时间：60 分钟。

（3）活动地点：公寓工作站、队组。

（4）活动人数：100 人。

（5）活动形式：多媒体专题讲座。

（6）活动过程：

① 了解心理危机相关概念。

② 了解高危人群的心理特点。

③ 正确看待自杀行为。

④ 积极应对心理危机的措施。如图 6-53。

图 6-53　应对心理危机讲座

（7）活动效果：

帮助基层管理干部全面直观地了解了心理危机预防与干预的操作方法和注意事项，切实增强了基层管理干部洞察员工心理变化的敏锐性、化解员工心理危机的能动性、快速干预的果断性、引导沟通的适度性和把握发展的预见性。

案例五十六：心理健康，社会和谐，我在行动

（1）活动目的：10 月 10 日是世界精神卫生日，安全心理咨询中心在世界精神卫生日来临之际开展心理健康主题讲座，目的在于增强员工的心理健康意识，提升心理保健的能力。

（2）活动时间：80 分钟。

（3）活动地点：团体辅导室。

图 6-54　心理健康主题讲座

（4）活动人数：60 人。

（5）活动形式：多媒体专题讲座，体验式互动。

（6）活动过程：

① 介绍员工的心理健康状况、压力来源。

② 详细讲解压力应对与情绪管理技巧。

③ 学习放松身心的方法。如图 6-54。

（7）活动效果：

通过活动，员工们学到了精神卫生方面的知识，学会了以正确的态度面对生活中各种各样的压力，明确了要改变不健康的生活方式和生活态度，学会了用科学的方法缓解压力、维护心理健康的方法，提高了心理保健的能力。

案例五十七：激发潜能，超越自我

（1）活动目的：通过挑战一些极限的训练项目，激发安全心理咨询员的潜能，从而超越自我，做到过去无法做到的事情。

（2）活动时间：两天。

（3）活动地点：广场

（4）活动人数：85 人。

（5）活动形式：多媒体专题讲座、心理行为训练。

（6）活动过程：

① 第一天进行心理咨询技能讲座。通过专题学习，兼职安全心理咨询员了解了自己的工作职责；掌握了缓解压力的方法和如何预防员工的心理情绪变化带来的危害。

② 第二天进行户外拓展训练。通过热身活动、破冰之旅、团队秀、同心协力、深情呐喊、“我是最棒的”等团体活动了解沟通的秘诀、团队的意义、执行力提升方法等。如图 6-55。

图 6-55　户外拓展训练

（7）活动效果：

安全心理咨询员的自信心进一步增强，心理辅导技能得到了提升，战胜困难、勇往直前的勇气和潜能得到了激发。

案例五十八：缓解压力，强化安全

（1）活动目的：提升班组长压力管理能力，提升班组安全生产管理能力。

（2）活动时间：两天。

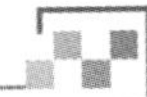

（3）活动地点：广场、团体辅导室。

（4）活动人数：100 人。

（5）活动形式：多媒体专题讲座，心理行为训练。

（6）实施过程：

① 通过开展专题讲座，让班组长了解什么是压力以及如何科学管理压力，同时将所学内容应用于自己的班组，提高班组员工应对压力的能力。如图 6-56。

图 6-56　心理行为训练

② 通过有针对性的心理行为训练，提升班组安全生产管理能力。

（7）活动效果：

通过开展具有趣味性和挑战性的项目，队员们了解了团结协作、有效沟通、勇于奉献、强化执行在安全生产中的重要性，班组长的安全生产管理能力得到了提升。队员们的压力管理意识与能力得到了进一步强化，心理压力得到有效缓解，保证了班组长以积极的、阳光的心态投身于煤矿安全生产管理工作之中。

案例五十九：心理微课十分钟，幸福和谐于一生

（1）活动目的：使职工了解心理压力产生的原因，并掌握疏导不良情绪的有效方法。

（2）活动时间：30 分钟。

（3）活动地点：队组会议室。

（4）活动人数：200人。

（5）活动形式：室内专题讲座。

（6）活动过程：

① 心理咨询师利用班前、班后会的时间，为员工讲授心理压力对安全生产的影响及缓解方法、社会因素对人的心理及安全生产的影响。如图6-57。

图6-57 心理微课

② 从心理学的角度分析了煤矿员工的心理现状、员工心理压力产生的原因，以及人际关系、生活事件和生产现场环境等因素对人的心理的影响，并就如何减轻员工的心理压力、疏导不良情绪提出了具体有效的方法。

（7）活动效果：

员工了解了许多安全心理知识，明确了心理压力形成的原因、表现形式和危害，掌握了一些压力应对与情绪管理简单实用的方法。

案例六十：防风险，除隐患，提绩效，遏事故

（1）活动目的：提升安全素养、激发安全动力。

（2）活动时间：一天。

（3）活动地点：团体辅导室及户外。

（4）活动人数：150人。

（5）活动形式：多媒体讲座，体验式互动、分享。

（6）活动过程：

① 培训师进行室内专题讲座，讲授安全心理有关知识。

② 户外心理行为训练。在培训师的带领下，参加活动的员工以小组竞赛的方式，通过开展“排雷”“坐地起身”“挑战110秒”等训练项目，体验在工作中沟通协调、团队合作、深度思考的重要性。如图6-58。

图6-58　户外心理行为训练

③ 总结分享。在培训师的引导下，队员们就一天的学习收获进行总结并与大家共同分享。

（7）活动效果：

通过一天带有挑战性的培训，队员的安全生产意识得到了提升，磨炼了意志，提高了团体凝聚力，挖掘了内在潜能，激发了创新精神。对队员进一步做好今后的安全生产工作和健康快乐地生活都起到一定的启迪和帮助作用。

案例六十一：学会去沟通，工作更轻松

（1）活动目的：帮助员工提升沟通能力。

（2）活动时间：90分钟。

（3）活动地点：队组会议室。

（4）活动人数：280人。

（5）活动形式：室内讲座，体验式互动。

（6）活动过程：

① 培训师讲解什么是沟通、沟通的分类、沟通失败的原因以及如何提高团队中的有效沟通。

② 通过互动体验，学习提升沟通的十个技巧。

③ 员工现场体验沟通技巧。如图6-59。

图 6-59　沟通技巧培训

（7）活动效果：

通过这次活动，员工明确了沟通的本质，学会了沟通的技巧，为今后工作生活中提升沟通效率提供了帮助。

案例六十二：幸福去哪儿了

（1）活动目的：增强员工家属的生活幸福感。

（2）活动时间：60 分钟

（3）活动地点：社区。

（4）活动人数：员工家属 150 人。

（5）活动形式：室内讲座，体验式互动。

（6）活动过程：

① 让员工家属了解什么是 OH 卡牌，如何使用 OH 卡牌。

② 员工家属体验 OH 卡牌，咨询师现场解读其意义。

图 6-60　OH 卡牌沙龙体验

③ 通过现场体验，让员工家属理解幸福的含义。如图 6-60。

（7）活动效果：

通过此次 OH 卡牌沙龙体验，参与活动的人在面对幸福时，学会了对自己负责任，学会了在生活中做出选择，学会了成熟，学着停下脚步、放下手机，仔细转身看看自己的内心，发现了生活本来的模样，遇见了原本就存在于心底的幸福。

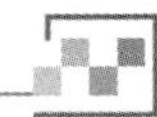

案例六十三：压力与情绪缓解，安全与健康同行

（1）活动目的：帮助员工明确压力和情绪的危害，使员工学会压力与情绪管理的方法和技巧。

（2）活动时间：65 分钟。

（3）活动地点：团体辅导室。

（4）活动人数：120 人。

（5）活动形式：室内讲座，体验式互动。

（6）活动过程：

① 咨询师讲解压力的形成、来源以及现代企业员工面临的压力。

② 现场进行压力测试。

③ 学习正确面对压力及如何有效缓解压力的技巧。

④ 现场体验肌肉放松训练方法。如图 6-61。

图 6-61　肌肉放松训练方法体验

（7）活动效果：

通过为员工讲解压力的来源、缓解压力的技巧等基本常识，现场让员工体验肌肉放松训练方法等，员工掌握了在工作和生活中运用放松技巧的方法，自身的压力也得到了释放。

案例六十四：心理健康伴老龄，安乐幸福享晚年

（1）活动目的：普及老年人心理健康知识，提高老年人心理健康意识和水平，增强幸福指数。

（2）活动时间：50 分钟。

（3）活动地点：社区工作站。

（4）活动人数：140 人。

（5）活动形式：室内讲座，体验式分享。

（6）活动过程：

① 介绍老年人的心理现状、心理需求、心理健康标准、心理健康和生理健康的关系。

② 让现场的老年人说说自己的快乐指数。

③ 介绍适合老年人提升快乐指数的十个方法。

④ 介绍如何预防老年人心理疾病。如图6-62。

图6-62　老年人心理健康讲座

（7）活动效果：

通过对社区老年居民及家属介绍老年人的心理现状、心理需求、心理健康标准和心理疾病的预防等四个方面的内容，老年人意识到了关注自身心理健康的重要性，减轻了老年人面临的心理压力，提高了老年人的快乐指数，有助于减少老年心理疾病的发生。

案例六十五：呵护女性，营造“心”家园

（1）活动目的：提高女性员工心理健康水平，进而带动家属增强心理健康意识，做好心理问题防护。

（2）活动时间：50分钟。

（3）活动地点：团体辅导室。

（4）活动人数：160人。

（5）活动形式：多媒体专题讲座，体验式互动。

（6）活动过程：

① 咨询师带领女性员工及女性员工家属一起学习按摩操，通过简单有趣的按摩操，舒缓身体的疲劳。

② 从心理健康的角度出发，分析女性特有的心理特征和常见的心理问题，用案例讲述女性在面临各种压力时的困惑，诠释女性在面对家庭、社会问题时应该持有的心态，理性看待工作、家庭和自身的成长。

③ 开展课堂互动体验，提高女性员工及女性员工家属对心理健康、家庭和谐和煤矿安全生产关系的认识。如图6-63。

（7）活动效果：

提高了女性员工及女性员工家属对心理健康的认识，加强她们的自我保健、自我保护、自我调整的能力，增进了家庭和谐，促进了煤矿安全生产。

图 6-63　女性心理健康讲座

第七章　安全心理咨询中心发展历程及成效

凡事预则立，不预则废。为了预防由心理因素导致的安全生产事故的发生，潞安集团常村煤矿安全心理咨询中心进行了开创性的探索，一路走来，硕果累累。本章重点介绍安全心理咨询中心的发展历程及取得的成效。

一、常村煤矿安全心理咨询中心发展历程

研究分析结果表明，煤矿员工占中国8类心理压力最大人群中的第三位，仅次于道路交通从业人员和航空从业人员，80%以上的事故均与人的心理因素有关，而95%以上的不安全行为都是由事故心理引发，心理因素已经成为影响安全生产的重要因素。因此，深入研究导致人的不安全行为背后的心理因素及干预途径，从根本上消除不安全行为的心理因素，是预防煤矿事故的关键。正确的心理干预对于提高员工安全心理水平，保障员工生命健康等方面具有很大的实践价值。

常村煤矿顺应社会发展需求，在2012年提出“创造安全的心理环境、良好的心智模式”的“心本”安全管理理念，并在2013年在本矿队部楼六楼设立机构，成立安全心理咨询中心。该中心以习近平新时代中国特色社会主义思想为指导，以贯彻落实国家、省、市、集团公司和矿相关政策为契机，专注于员工心理危机干预、心理疏导、员工情绪管理、压力缓解、团队执行力和凝聚力建设，以培育自尊自信、理性平和、积极向上的社会心态，维护与促进员工心理健康为根本目标，完善心理健康服务体系建设、搭建心理关爱服务平台、拓展员工心理服务价值内涵，

为矿井的安全发展提供良好的生产生活环境和氛围。

随着中国经济的快速发展，身心健康管理服务已经被越来越多的企业所接受，心理咨询服务已经成为常村煤矿为员工提供的一项暖心服务和社会福祉。因此，根据员工家属需求，常村煤矿在2016年成立社区工作站，为进一步方便、快捷、系统地服务社区居民，全面提高社区居民心理健康水平搭建了便捷的平台；在2018年，常村煤矿又根据住宿员工的需求，成立职工公寓工作站，安全心理咨询工作在全矿全面覆盖，形成“一个中心，两个分站”的全方位立体化服务模式；2019年初，根据工作开展情况，矿领导大力支持，对安全心理咨询中心的功能场所规划升级，经过多方论证、设计、规划，2.0版安全心理咨询服务机构在培训中心大楼高标准建成投运，至此，有着“一个中心，两个分站”，集安全管理学、安全心理学和心理学为一体的便捷化、智能化、专业化的安全心理咨询机构全面形成，为全煤矿，甚至全国相关行业的发展蹚出了一条标准化的工作流程。

二、常村煤矿安全心理咨询中心取得的成效

常村煤矿安全心理咨询中心成立以来，不仅实现了对员工家属不良情绪的超前预控，强化了员工的团队意识、责任意识和感恩意识，使员工能够全心全意、凝神静气地专注安全、专心安全、抓好安全，还促进了社区心理健康教育活动经常化、规范化、制度化，营造了幸福和谐的居家环境。

（一）违章心理三级管控让员工心态健康、远离“三违”，促进了矿井的安全和谐发展

常村煤矿以构建和完善“超前管理、自主安全、系统安全”的大安全管理格局为基础，从夯实员工“心理安全”入手，通过引入和运用心理学原理，创新开展了“违章心理三级管控”，追根溯源，从事前违章心理测查预警、事中违章干预控制、事后违章心理分析总结的“源头干预、

分级管理”的安全心理管理方法，从源头上杜绝事故心理，减少事故的发生。

1. 煤矿“三违”的定义

“三违”是指违章指挥、违章操作、违反劳动纪律。

违章指挥是指各级安全生产管理人员违反安全方针、政策、法律、条例、规程、规章制度和有关规定，安排或指挥生产的行为。

违章操作是指作业人员违反煤矿“三大规程”，不按安全和技术规定的要求作业或不听有关人员的劝阻，冒险蛮干的行为。

违反劳动纪律是指员工违反生产经营单位的劳动规则和劳动秩序，即违反单位为了形成和维持生产经营秩序、保证劳动合同得以履行，以及与劳动、工作紧密相关的其他过程中必须共同遵守的规则，可能造成危害后果的行为。

2. “违章心理三级管控”的定义

一级管控是指事前违章心理测查预警，发现员工的不安全心理并将其消除于萌芽状态。

二级管控是指事中违章干预控制，针对存在不安全心理、不良情绪困扰或者因重大生活事件产生心理障碍的员工，及时给予心理指导，帮助他们排解心理困扰，确保安全作业。

三级管控是指事后违章心理分析总结，主要通过安全心理教育、个体咨询等方式，帮助员工分析违章的心理因素，让员工真正认识到自己的问题所在，从心理上改变认知，消除违章心理，避免重复性“三违”的发生。

3. “违章心理三级管控”心理学原理

（1）海因里希法则。海因里希法则（Heinrich's Law）又称“海因里希安全法则”、“海因里希事故法则”或“海因法则”，是美国著名安全工程师海因里希（Herbert William Heinrich）提出的300∶29∶1法则，即在一件重大的事故背后必有29件轻度的事故，还有300个潜在的隐患。

（2）事故倾向性理论。事故倾向性理论是历史最长和最广为人知的事故致因理论之一。这种理论认为，事故与人的个性有关。某些人由于具有某些个性特征，因而比其他人更易发生事故。有事故倾向性的人，无论从事什么工作都容易出事故。由于有事故倾向性的人是少数人，所

以事故通常主要发生在少数人身上。

（3）过度敏感效应。过度敏感效应是指人们在心理上倾向于高估与夸大刚刚发生的事件的影响因素，而低估影响整体系统的其他因素的作用，从而做出错误判断，并对此做出过度的行为反应。过度敏感能使人们及时发现异常现象并加快对此的反应速度，但也会加大反应的幅度，使反应过分。

（4）马斯洛需求层次理论。马斯洛需求层次理论也称“基本需求层次理论”，是行为科学的理论之一。马斯洛指出：每个人都潜藏着五种不同层次的需求，生理需求、安全需求、社交需求、尊重需求、自我实现需求，但在不同的时期表现出来的各种需求的迫切程度是不同的。人的最迫切的需求才是激励人行动的主要原因和动力。人的需求是从外部得来的满足逐渐向内在得到的满足转化。

4. 违章心理三级管控具体实施方法。

（1）违章心理一级管控实施方法。违章心理一级管控的实施方法主要有全员心理测评、“安全心理进队组”主题讲座和利用人体生物三节律进行安全提示。

① 全员心理测评，实现对员工个体心理的超前预警。常村煤矿安全心理咨询中心把心理测量作为实现提前预警、超前干预的主要手段。该做法采用了心理学研究方法中“社会测量法”的专业量表法，选取了应用最广泛的检查量表SCL-90症状自评量表，每年对全矿员工进行心理健康测评。

发现隐患是前提，消除隐患于萌芽状态才是最终目的。全员心理测评后，安全心理咨询中心还对员工产生心理问题的原因进行分析和心理咨询。对筛查出的可能存在心理问题的员工，找到其产生心理问题的根本原因，要在保护其隐私的前提下定期进行个体咨询，以准确把握员工的心理健康状况，帮助员工更好地了解自己的心理特点，提升心理素质。安全心理咨询中心通过员工个人自测、班组长评价、同事互评、家属评价等数据采集的方式，发现员工产生心理问题的诱因，包括工作时间长、睡眠时间不足、工作岗位发生变化、家庭重大生活事件、择偶问题等因素，根据员工个体情况有针对性地制订咨询方案，从源头上解决员工的心理问题，实现对员工不安全心理的超前预控，使员工能够全心全意、凝神静气的专注安全、专心安全、抓好安全。

②“安全心理进队组”主题讲座，实现对团队建设的干预提升。“安全心理进队组”主题讲座是安全心理咨询中心在基层队组长期开展的一项活动。

传统模式的培训，往往强调的是思想素质、技术素质和身体素质，而不重视员工的心理素质。虽然思想素质、技术素质、身体素质不可少，但它们都要受心理素质的制约。

“安全心理进队组”引入了安全心理的概念，是落实心智培训模式要求的新探索，旨在以心理素质作为共同基础，引导员工由生命安全向心态安全、心理安全、心灵安全延伸，构建全员、全方位、全过程的立体化大安全格局。

安全心理咨询中心针对员工工作特点和岗位工作实际，自主开发一些特色课件，主要包括违章心理分析、沟通技巧、不良情绪对安全生产的影响、压力和情绪缓解方法、社会因素对人的心理及安全生产的影响等，并采取理论与实践、案例与分析、提问与讨论等有针对性的培训方法，通过理论知识讲解和现场互动相结合的方式，寓教于乐、深入浅出，让员工能够在轻松、易懂的情况下接受心理教育，学习心理学知识，从而能够了解不安全心理的危害，避免违章心理，同时也更好地了解自己，学会调节情绪的方法及压力缓解方法等，确保能以稳定的情绪、平静的心境集中精力工作。

③ 利用人体生物三节律，对处于临界日的员工进行温馨提示。人体生物节律，是指人的体力、情绪和智力的周期循环。科学家对人体研究结果表明，人的体力循环周期为23天，情绪循环周期为28天，智力循环周期为33天。在每一周期内有高潮期、低潮期、临界日和临界期。当这些循环处于高潮期，人们的行为处于最佳状态，体力旺盛，情绪高昂、智力开阔；当循环处于低潮期，体力衰减，耐力下降，情绪低落、心神不宁，反应迟钝，智力抑制，工作效率低。特别需要关注的是临界期，体内生理变化剧烈，各器官协调机能下降，容易发生错误行为。见表7-1和图7-1。

表 7-1　人体生物三节律周期表

人体生物三节律	生物节律高潮期	生物节律临界期	生物节律低潮期
体力节律	体力充沛，身体灵活，动作敏捷，耐力和爆发力强，充满活力，能担负较大负荷的体力劳动，劳累后恢复得快；此时身体抗病能力强，不易感染疾病，治疗疾病效果明显	抵抗力低，免疫功能差，身体软弱无力，极易疲劳；易受外来各种不良因素的侵袭；有时动作失常。运动员进行大运动量训练易受伤。慢性病极易复发或病情加重，是危重病人或老人的危险点。多数人往往死于临界日	身体乏力、懒散，耐力和爆发力较差，劳动时常感到力不从心，易疲劳；比较容易感染疾病，特别是哮喘病极易发作。低潮期治病的效果一般不明显
情绪节律	心情愉快，舒畅乐观，精力充沛，意志坚强，办事有信心，创造力、艺术感染力强，是创作的最好时期；思路灵活、敏捷，是解决矛盾，处理疑难问题的好时候；对待问题的态度积极且富建设性；能与人融洽相处；经商贸易一般不易出错，效率也高	情绪不稳定，烦躁易怒，心绪不宁，精力特别不易集中；精神恍惚，工作易出差错，最易出交通、航空飞行和工伤事故；自制能力差，缺乏理智、容易冲动；一点儿小事都可能激怒人，人一旦被激怒常做出过火行为；是精神病、冠心病的发病期和危险期。自杀多发生在该阶段。有无事生非心态，做不好调解工作。一些矛盾激化事件（如打架斗殴、家庭邻里纠纷）也多在此时发生	情绪低落，精神不振，意志比较消沉；做事缺乏勇气，信心不足，注意力易分散，常感到烦躁不安或心绪不宁，此时也容易出工作差错和事故

表7-1(续)

人体生物三节律	生物节律高潮期	生物节律临界期	生物节律低潮期
智力节律	头脑灵活，思维敏捷，思路清晰，记忆力强，精力和注意力集中；善于综合分析，判断准确，逻辑思维性强，工作效率和工作质量高；是学习、创造、写文章、决策、计算的最佳时机	判断力差、健忘、注意力涣散，严重者头脑发晕发胀，丢三落四，工作中极易出差错和失误。此时不宜做计算、交易，最好也不强迫自己写文章	思维显得迟钝，记忆力较弱；理解和构思联想比较缓慢，逻辑思维能力较弱，注意力不易集中，判断力往往降低，缺乏直觉、工作效率不高

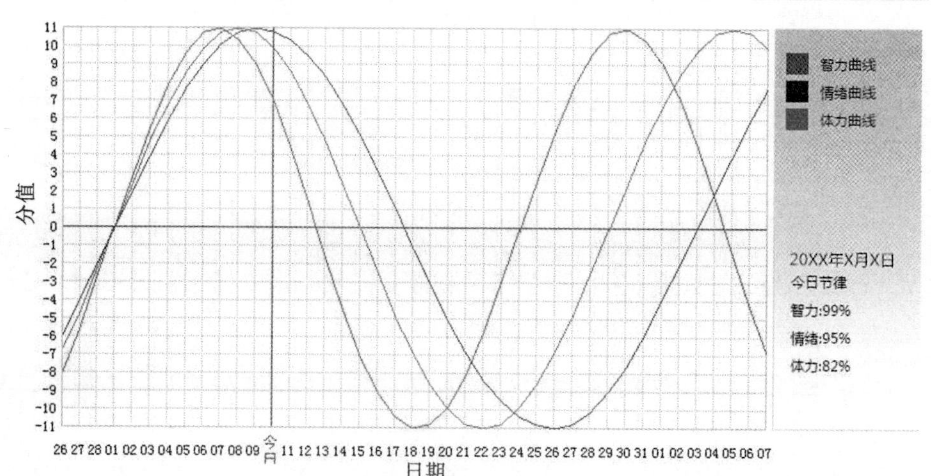

图7-1　人体生物节律曲线图（20××年×月×日）

研究结果表明，临界期对人具有潜在危险，其事故发生的概率最大。在临界期，人的健康水平会下降、心情烦躁，容易莫名其妙地发火，在活动中容易发生事故，且双重或三重临界期的危险性更大。

因此，安全心理咨询中心每个月都要对员工进行人体生物节律测查，根据测查结果对存在事故隐患的员工下发《事故隐患易发日温馨提示信》，建议对处于临界日的员工尽可能安排休息，或者在工作中对其特别关注，这样尽可能避免事故的发生。《事故隐患易发日温馨提示信》内容如下：

亲爱的×××：

您好！为认真贯彻落实集团公司和常村煤矿“369”大安全管理新体系要求，提高人的本质安全水平，预防人为安全事故的发生，安全心理咨询中心利用心理测评和人体生物节律原理，对你×月份的安全事故易发日做了测查。

××××年×月×日及其前后1~2天的时间里，你的生物节律处于临界状态，较易发生安全事故，在此期间，请你自觉调整情绪，注意休息，及时恢复体力和精力。

祝您身体健康，工作顺利！

安全心理咨询中心

20××年×月×日

（2）违章心理二级管控实施方法。违章心理二级管控的实施方法主要有：兼职安全心理咨询员开展队组的第一道心理防护；安全心理咨询中心积极与队组以及兼职心理咨询员沟通协作；“互联网+”咨询模式，为员工提供全天候咨询服务。

① 兼职安全心理咨询员做好队组的第一道心理防护工作。安全心理咨询中心在基层队组每队设立了一名兼职安全心理咨询员，以搭建安全心理咨询中心和队组的沟通纽带。

兼职心理咨询员在队组中充分发挥其主观能动作用，利用班前、班后会及周二和周五学习时间，宣讲安全心理知识。

工作中注意发现员工的不良情绪和不安全心理及行为。对于有不安全心理及情绪不稳的员工，兼职心理咨询员及时做好情绪疏导工作，并在工作中做好互联保，予以重点关注。

兼职心理咨询员与安全心理咨询中心对接安全心理工作，按时上报安全心理工作记录表、不放心人员心理访谈记录表、职工安全心理健康状况月报表和“三违”人员安全心理咨询记录表等，以及时筛选出具有安全心理问题的员工，帮助他们消除不安全行为和不安全心理。

② 安全心理咨询中心积极与队组以及兼职心理咨询员沟通协作。安全心理咨询中心根据每月各队组兼职心理咨询员上报的员工安全心理健康月报表对基层队组员工心理健康状况进行筛查，针对不放心人员、“三违”人员进行访谈，并定期进行电话回访或预约面谈回访。

安全心理咨询中心利用每周二、周五队组学习时间，进行员工安全意识问卷调查，及时了解员工现阶段的安全意识，通过调查结果分析员工存在的“隐性”安全隐患，进而针对具有违章心理的员工采取有针对性的辅导教育，从心理根源上杜绝违章。

通过深入基层队组走访以及和队长书记访谈沟通的方式，了解员工在班前会上的精神状态，了解基层队组员工的心理状况，做到“有问必答、有报必回”。

③“互联网+”咨询模式，为员工提供全天候咨询服务。对于有不安全心理或者情绪困扰的员工，可通过微信平台或者电话进行咨询。安全心理咨询中心的咨询师会针对员工的问题提供专业的意见和建议，同时还有利于收集员工对岗位调整、情绪调控、家庭问题等方面的意见和建议，实时掌握员工思想动态和心理变化，这样既保护了员工个人隐私，又及时对员工进行了心理疏导。

（3）违章心理三级管控的实施方法。违章心理三级管控的实施方法主要有安全心理教育、个体咨询等方式，帮助员工分析违章的心理因素，让员工真正认识到自己的问题所在，从心理上改变认知，消除违章心理，避免重复性“三违”的发生。如图7-2。

① 解屏人员安全心理讲座，实现员工从“要我安全”到“我要安全”“我会安全”“我能安全”的转变。对因“三违”而屏蔽下井资格需解屏的人员，根据其不安全心理的特点开展团体的安全心理辅导，一起探讨安全与健康、安全与行为规范的内容，帮助员工分析违章的心理原因，了解安全的内涵以及安全意识的重要性，告诫员工如何提高自身的安全意识，让员工在工作中消除心理隐患和不安全心理，实现员工由“被动安全”到“主动安全”，从“要我安全”到“我要安全”的转变。

②“三违”人员个体咨询，实现对问题员工个体心理的及时干预。个体咨询是针对已发生“三违”的人员，一对一地用治疗性咨询来解决员工因心理因素而引起的“三违”行为。心理咨询师通过详细了解其“三违”行为发生的经过，并结合“三违”人员的个人一般资料和近期的精神状态、身体状态、工作状态及社交状态等资料，分析其违章的心理原因，制订针对性的咨询方案，使用认知矫正、行为疗法、心理分析等方法展开咨询。

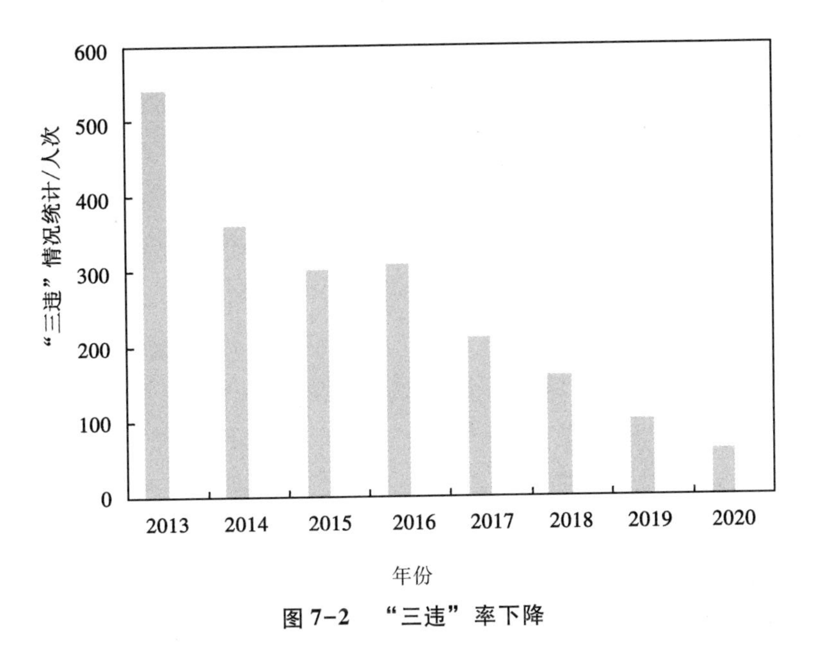

图 7-2　“三违”率下降

其中，使用最广泛的是合理情绪疗法，它是认知疗法的一种，其核心理论 ABC 理论的基本观点认为，人的情绪不是由某一诱发性事件的本身所引起，而是由经历了这一事件的人对这一事件的解释和评价所引起的，即人的认知。通过改变认知，进而改变情绪和行为结果，帮助“三违”人员从根本上消除不安全心理。

咨询后还要建立相关台账，与队组及时沟通，了解违章人员近况，进行跟踪随访，以确保员工重新以良好的心态走上工作岗位，减少重复性“三违”的发生。

还要对个体咨询案例进行案例分析。案例分析法是安全心理学中非常重要的研究方法，通过案例分析可以获得事故发生原因的很多规律性资料。通过对“三违”员工的个体案例统计分析，找出“三违”员工在不同年龄、工种、“三违”类别、有无重大生活事件等方面存在的差异，分析员工“三违”行为背后的心理原因，及时采取正确的干预方法，总结经验，针对同类员工提前预警、提前采取措施提供理论支持，将事故隐患消灭在萌芽状态。

③ 模拟伤害体验，避免重复“三违”。模拟伤害体验是根据心理学的“内隐致敏法”开发的，对违章操作但没有造成伤害的员工进行想象

式伤害体验。

内隐致敏法是厌恶疗法的一种改良方法，是指当求助者欲实施或正在实施某种不良行为时，在想象中主动呈现某种可怕后果或令人厌恶的刺激形象，致使两者形成条件反射，达到控制行为的治疗目的。

模拟伤害体验具体做法是：通过绑住违章员工的一条腿或一只胳膊，来模拟因“三违”导致身体受到的伤害，然后让其做日常的工作。通过一天的时间体验活动受限带来的痛苦，从而深层次地让员工感受违章给自己和家人带来的危害，避免重复“三违”。

5. 违章心理三级管控取得的成效

违章心理三级管控是为员工创造安全的心理环境和良好的心智模式的福祉之一，是“人本安全”管理理念的具体实践，取得了良好的效果。在实施违章心理三级管控期间，常村煤矿员工安全意识大幅提升，事故发生率大幅下降。据调查统计，“三违”发生率同比降低12.8%；员工的幸福指数由2017年的83.15%提升到2020年的89.03%，同比增长7.1%；提升了员工的沟通协调能力、团结协作能力；提高了员工爱岗敬业、爱矿如家的责任意识，增强了员工的归宿感。全矿员工呈现出一种昂然向上的精神状态，为矿井的安全发展提供了积极向上、健康文明的生产生活环境。如图7-3、图7-4。

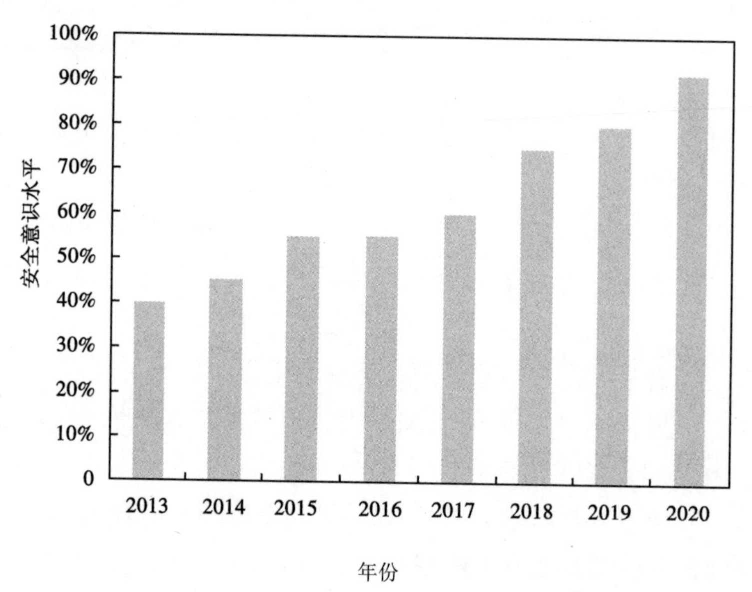

图7-3　安全意识显著提升

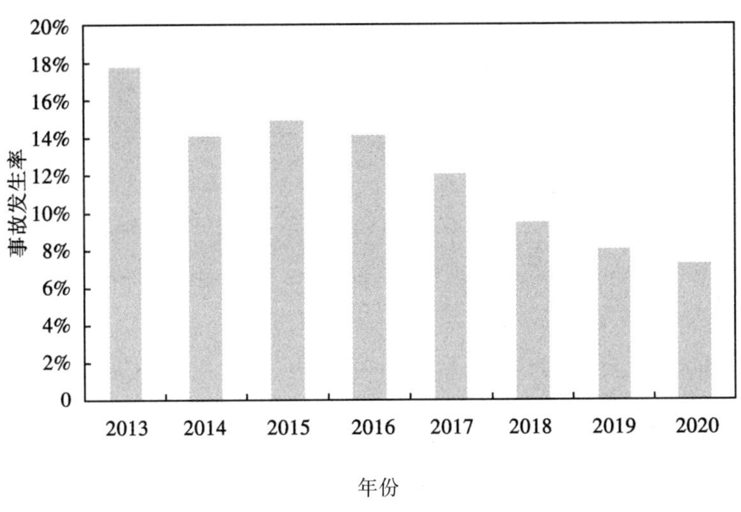

图 7-4　事故发生率显著下降

（二）实施心理行为训练，促进煤矿企业的团队建设，促进企业的可持续发展

团队建设要求组建有效的集体组织，确保团队有清晰的目标、共同的信念，以及成员之间的相互信任。在现代企业经营发展中，团队建设成为企业可持续发展的关键。由此可见，企业团队建设对于企业稳定发展的重要作用以及企业团队建设具体策略进行深入研究迫在眉睫。

常村煤矿安全心理咨询中心根据这一需求，在组成企业的科队长、班组长、一线员工三个层面分别进行有针对性的团队建设拓展活动，取得良好的效果。

1. 心理行为训练实施方法

（1）在科队长中开展“沟通协调，团结协作”领导力训练。科队长作为企业发展的中坚力量，能够合理地利用资源，挖掘每个人身上的长处，同时还要具备协调差异、利用差异，提高团队向心力和凝聚力的能力，因此，对科队长开展领导力心理行为训练是高效高标准地实现团队目标、推进企业持续高效发展的根本。

常村煤矿根据本矿实际，通过基层调研、个人访谈，分批次、分时间对全矿300名科队级以上领导进行了“蛟龙出海”“搭绳房”“同心协力”“翻越独叶”“深情呐喊”等专业的心理行为训练。

“蛟龙出海”活动让参加的队员体验到了团队合作与竞争、执行及领导力、团队协调一致的重要性；“搭绳房”活动让队员明确沟通概念，掌握有效沟通的方法，提升沟通能力；“同心协力”活动，强化团结、协作、奉献、大局意识，激发团队成员战胜困难的勇气和意志；“翻越独叶”活动让队员体会到只有团结合作才能达到解决问题的目的，同时也让队员体会到个人在团体中的重要性，拉近人际距离；“深情呐喊”活动能达到心理减压与正向自我暗示的目的。

（2）在班组长中开展“安全管理能力与安全执行力”心理行为训练。班组长是井下一线生产班组的指挥者，他们的安全管理水平和安全执行力直接关系到本班组成员的生命安全。

针对班组长的心理行为训练共进行六项活动，一是“叠罗汉”，通过活动快速相识，拉近人际距离，增强人际信任；二是“组建团队”，通过组建团队活动，明确团队的概念，明确高效团队具有1+1>2的倍增效应；三是“同心杆”，活动目标是强化团队同心协力精神，强化团队精神，学习掌握团队角色技术；四是“搭绳房”，明确沟通概念，掌握有效沟通的方法和提升沟通能力；五是“挑战99秒”，体验执行力，学习自我提升生产管理能力的方法和自我提升工作质量的方法；六是“红色轰炸”，明确自身的优点，增强班组长的自信心。

（3）在一线员工中开展“团队精神与安全意识”心理行为训练。一线员工作为目标任务完成的直接执行者，其团队合作力和安全意识的提升是确保生产任务安全高效完成的根本因素。因此，在一线员工中开展“团队精神与安全意识”心理行为训练具有重要作用。

针对一线员工的心理行为训练共进行七项活动，一是“松鼠与大树”，旨在活跃气氛；二是“快乐连环记”，使不熟悉的队员快速相识，打破人际距离；三是“团队秀”，旨在明确团队概念，树立鲜明的团队形象；四是“疾风劲草”，旨在增进队员之间的感情，强化组员间的信任与接纳，形成工作中乐于提醒别人注意安全和接受别人提醒的氛围，强化安全防范靠大家的意识；五是“无敌风火轮”，旨在促进团队成员之间的团结协作，增强团队凝聚力，从而提高全体班组成员的安全意识和班组

的安全效能；六是“眉目传情”，旨在明确沟通是信息传递的过程，明确有效的沟通方式和过程；七是“安全寄语”，每个组员都要说一句安全祝福的话，旨在达到强化安全意识、相互鼓励、塑造友爱互助的班组氛围的目的。

2. 心理行为训练取得的成效

通过在科队长、班组长、一线员工三个层面开展团队建设心理行为训练活动，取得了良好的效果。

（1）增强了企业经营管理水平。通过对各层次人员进行心理行为训练，促进了企业团队建设，保证了企业内部工作环境稳定性，为企业经营发展奠定了良好的基础，提升了日常工作效率。在心理行为训练过程中，将所有员工的思想进行有效关联，激发了员工的工作潜能，发挥了其自身价值，充分利用了有效资源，加快实现了企业的发展目标。另外，随着企业团队建设的不断加强，不仅壮大了集体力量，同时还提升了员工个人工作能力，极大地促进了企业效能的提升，增强了煤矿企业的经营管理水平。

（2）增强了企业凝聚力。通过心理行为训练，煤矿企业团队中的所有成员都找到了自己准确的定位，即每个人都明确自身的工作任务，并能在自身能力范围内完成工作任务。所有成员都有明确分工，相互尊重、相互支持，互相帮助，营造出了和谐的团队氛围，增强了煤矿企业团队的凝聚力，为企业稳定发展奠定了坚实的基础。

（3）增强了企业的竞争力。企业的竞争力是通过企业内部众多小团队，以及小团队内部的成员来实现的。通过心理行为训练活动，企业内部小团队的目标更加明确，凝聚力更加强大，团队之间的团结协作更加顺畅。同时，团队成员的目标意识得到增强，团队精神得到提升，执行力得到加强。无论是团队还是员工个人的工作效率、工作质量都得到了提升，企业的文化得到了优化，企业信誉度得到了提高，从而增强了企业的市场竞争力，促进了企业的可持续发展。

（三）安全心理咨询中心职工公寓工作站的设立为住宿员工营造了一个“幸福之家”

住宿员工因长期远离亲人，遇到工作或人际关系的困惑无处倾诉，长此以往会造成离家焦虑、家庭缺失感、性格孤僻等不良心理状态。为了缓解住宿员工的不良情绪对安全生产的影响，常村煤矿安全心理咨询中心在职工公寓建立了心理咨询工作站，工作站设立团体辅导室和宣泄室两个功能室。

在团体辅导室，通过开展心灵剧场、心理沙龙等积极向上的活动，帮助住宿员工建立积极和谐的人际关系、培养自信安全的人格特点等。同时，通过带动员工参与情景式体验活动，培养员工理解他人、关爱他人的习惯，促进员工工作和生活质量的提升。

宣泄室作为一个缓解压力、宣泄不良情绪的场所，主要为住宿员工提供了一个宣泄不良情绪的平台。

职工公寓工作站既有互动体验，又有个人感受，将充满趣味的“动”与感受成长的“静”恰当结合到一起，为住宿员工营造了一个温馨舒适、和谐友爱的幸福之家。

（四）安全心理咨询中心社区工作站的建立，为创造和谐社区搭建了一个有效的平台

为满足和谐社区建设的需要，安全心理咨询中心在社区建立了工作站，安全心理咨询中心的工作内容由对员工开展安全心理咨询延伸到了为社区员工家属开展心理辅导。社区工作站的工作宗旨是：帮助社区居民更好地认识自我，提高承受挫折和适应环境的能力，改善邻里关系、创造幸福家庭，建设和谐社区。

社区服务站设立了心理健康服务室，开通了心理健康热线，随时受理电话咨询。每周三为社区心理健康服务室咨询服务开放日，15：00~17：00 由安全心理咨询中心工作人员轮流在心理咨询室接待求助者的来

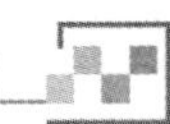

访，为有心理压力、心理困惑的社区居民做心理疏导，为心理健康进社区工作提供服务保障。

社区服务站每月组织开展一次幸福大讲堂活动，定期面向社区居民开展心理健康知识宣讲，内容涵盖亲子讲座、婚姻家庭、压力缓解、情绪管理等。

社区服务站充分利用传统节日开展团体心理辅导活动，通过团体内人际交互作用，促使社区居民在交往中观察、学习、体验，认识自我、探索自我、调整改善与他人的关系，学习新的认知与行为方式，促进良好的适应与协调能力，促进邻里关系和家庭关系的和谐发展。家庭幸福指数和邻里关系融洽变化表如图 7-5。

社区服务站还面向社区骨干、社区心理辅导员开展心理健康知识专业培训。对社区骨干、社区心理辅导员的定期培训，使他们能够掌握鉴别心理问题的基本知识和处理一般心理问题的能力，以便能够协助心理健康服务室开展工作，提高社区的自我心理服务水平，使社区心理健康服务工作经常化、规范化、专业化、制度化。

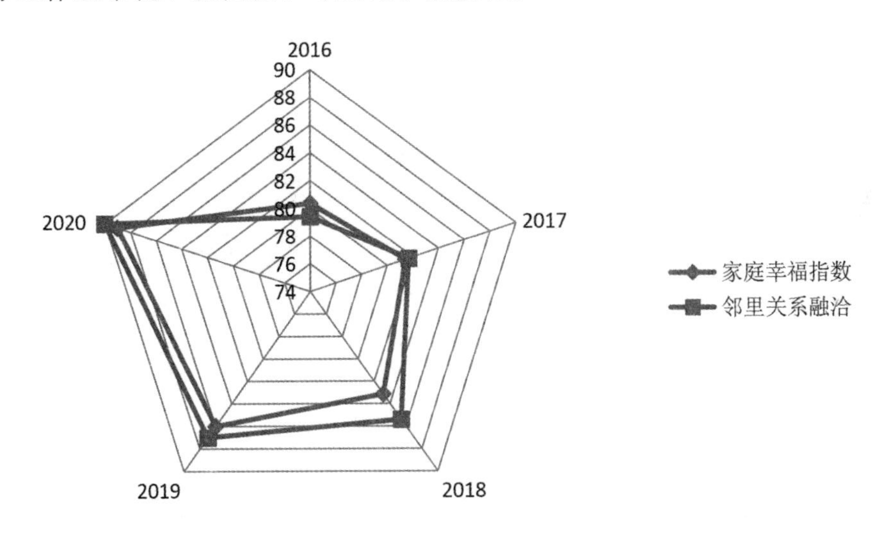

图 7-5　家庭幸福指数和邻里关系融洽变化表

常村煤矿安全心理咨询中心社区工作站成立 4 年来，开展幸福家庭课堂 50 余次，亲子教育沙龙 100 余次，沙盘治疗 20 余次。这些工作的开展，帮助广大社区居民了解了心理健康的概念，增强了身心健康意识，掌握了基本的情绪调适方法，更好地认识了自我，提高了承受挫折和适应环境的能力，改善了邻里关系和家庭关系，极大地促进了社区居民幸福指数的提升，为和谐社区建设做出了应有的贡献。

参考文献

［1］唐军华. 思想变为行动［M］. 沈阳：东北大学出版社，2011.

［2］尹贻勤. 煤矿安全心理学［M］. 北京：煤炭工业出版社，2006.

［3］栗继祖. 安全心理学［M］. 北京：中国劳动社会保障出版社，2013.

［4］贺定超，尹贻勤. 煤矿职工安全心理健康实用手册［M］. 北京：企业管理出版社，2009.

［5］赵然. 员工帮助计划［M］. 北京：科学出版社，2011.

［6］高杰. 基于心理学的煤矿人因事故分析及安全管理对策研究［D］. 安徽：安徽理工大学，2016：11-13.

［7］樊富珉. 团体心理辅导［M］. 北京：高等教育出版社，2005.

［8］沈德立，阴国恩. 基础心理学［M］. 2 版. 上海：华东师范大学出版社，2010.

［9］张世昌. 矿工安全心理研究与对策［J］. 煤矿安全，1999，30（2）：39-41.

［10］理查德. 员工帮助计划：促进身心健康的方案［M］. 4 版. 王京生，宋国萍，赵然，译. 北京：中国轻工业出版社，2013.

［11］李永瑞，章文光，于海波，等. 组织行为学［M］. 3 版. 北京：高等教育出版社，2017.

［12］张伯华. 心理咨询与治疗基本技能训练［M］. 北京：人民卫生出版社，2011.

［13］吴甘霖. 空杯心态［M］. 天津：天津教育出版社，2012.

［14］董奇. 心理与教育研究方法［M］. 北京：北京师范大学出版社，2004.

［15］林崇德. 发展心理学［M］. 北京：人民教育出版社，2018.

［16］顾瑜琦，孙宏伟. 心理危机干预［M］. 2 版. 北京：人民卫生出版

社，2018.

[17] 兰西奥尼. 优势：组织健康胜于一切［M］. 高采平，译. 北京：电子工业出版社，2016.

[18] 托马斯·谢林. 冲突的战略［M］. 赵华，等译. 北京：华夏出版社，2011.

[19] 王伟. 人格心理学［M］. 3版. 北京：人民卫生出版社，2018.

[20] 奥尼尔，查普曼. 职场人际关系心理学［M］. 12版. 石向实，郑莉君，等译. 北京：中国人民大学出版社，2012.

附　录

附录一

安全心理咨询中心工作总则

1. 工作性质

常村煤矿安全心理咨询中心工作开展是安全生产的基础之一，是实现煤矿员工行为规范和素质提升的重要途径和手段。安全心理辅导的含义是：在一种新型的、建设性的人际关系中，心理咨询师运用专业知识和技能给煤矿员工及其家属以合乎其需要的协助和服务，主要帮助员工及其家属解决适应性问题、一般心理障碍及发展性问题。

2. 机构设置

常村煤矿安全心理咨询中心设主任、副主任、心理咨询师。心理咨询师采取专、兼职相结合的方式，由具有相应专业知识和技能及一定工作经验的人员担任。

3. 工作对象

本矿员工、员工家属及社区居民。

4. 工作内容

安全心理咨询：主要包括对适应性问题的咨询，如入职培训问题、压力适应问题、人际关系问题；

对一些心理障碍的咨询，主要是轻度、中度心理障碍；

对发展性问题的辅导，如提高员工心理素质的训练等；

员工“三违”心理及行为矫正，安全行为模式养成训练。

心理测量：如压力测量、性格测量、气质测量等。

普及安全心理学知识的培训、讲座及有针对性的团体心理辅导。

5. 工作原则

平等尊重原则；

理解支持原则；

保密原则；

耐心倾听和细致询问原则；

疏导抚慰和启发教育原则；

促进成长的非指示性原则；

辅导和预防相结合原则。

6. 方式、方法

面谈辅导。心理咨询师与员工面对面交谈，共同商讨解决问题的办法。

电话、网络辅导。当煤矿员工不愿意与心理咨询师面谈辅导时，采用此种方式辅导。

团体辅导。对具有某种共同需求的员工采用此种方式辅导。普及安全心理知识的培训、讲座。

附录二

安全心理咨询中心日常管理制度

（1）心理咨询师必须态度热情，工作细致和认真。

（2）尊重煤矿员工人格，保护煤矿员工隐私，切实履行保密原则。

（3）对煤矿员工坚持正面引导，杜绝强硬说教或强加于人，辅导过程中不带个人情绪和自己的价值观。

（4）心理咨询师按时到岗，确保咨询工作正常运行。

（5）保持室内环境整洁，舒心。

（6）做好咨询记录及有关材料的存档工作，及时整理，装订成册，未经同意，有关资料不得外借。

（7）在规定时间内认真做好煤矿员工个体辅导或电话咨询工作。

（8）爱护室内各项设备，保持正常使用。

（9）工作完毕，关好门窗，做好安全保卫工作。

（10）遇到重大事件，应及时向领导反映。

（11）心理咨询师必须认真钻研专业知识，不断提高自身素质。

（12）保证档案资料的保密性，除心理咨询师，其他人不得单独进入档案资料室。

（13）正式咨询时，心理咨询师应向员工说明自己的专业资格、咨询目的、咨询技巧、咨询程序上的规则及可能影响咨询关系的各种限制条件。

（14）心理咨询师与来访员工应对角色的界定、预期的目标、采取的策略及可能的结果等有所了解，并取得一致。

（15）心理咨询师并非心理医生，一般不对煤矿员工做诊断性评价，不能擅自开具有关心理问题的诊断证明；如无法对员工提供帮助，有义务帮助员工转介到上一层咨询机构或专科医院就诊。

（16）在进行心理测试之前，心理咨询师必须向员工说明测验内容和目的，并在测试结束后给出慎重的专业解释。

（17）心理咨询师接待每名员工的时间原则上应控制在 1 小时以内；在咨询活动中，应注意尽量避免员工过分依赖。

（18）心理咨询师要准时到岗接待咨询，遇有特殊情况（包括心情不佳等）不能准时到岗，必须事先做好换班的衔接工作，并告知部门主管领导。

（19）心理咨询师应尽可能在当日填写个体咨询值班记录。其内容主要包括员工的基本情况、叙述的主要问题、咨询一般过程、咨询建议、咨询效果及其他事项。

（20）心理咨询师应积极参加本矿或社会心理咨询组织的科研交流活动。

附录三

心理咨询师守则

（1）按时到岗，因事不能按时咨询的，应提前告知，以便安排调岗。

（2）为提高咨询效率、保证咨询质量，接待每位来访者的时间原则上控制在45分钟至1个小时，如来访者想继续进行咨询，可以再次预约。

（3）在咨询关系建立之前，必须让来访者了解心理咨询工作的性质、特点和这一工作可能的局限以及求助者自身的权利和义务。

（4）以热情、积极负责的态度，本着“助人自助”的原则，做好每位来访者的接待工作，在咨询工作中，要有效地表达出“爱心、耐心、诚心、细心、虚心”，为来访者创设一个温馨、安全的咨询环境。

（5）使用心理测量和测验必须经来访者本人同意，不得强制，不得滥用测量和测验结果。

（6）咨询过程中遇到问题比较复杂的，可以进行续约，对存在精神类疾病的来访者要及时转介。在咨询过程中遇到有自杀、杀人倾向危机的来访者时，应立即采取适当的措施进行干预，并将情况及时上报，必要时应通知有关部门或家属，但应将有关保密信息的暴露程度限制在最小范围内。

（7）在每次咨询结束时，要认真如实填写咨询记录，保证记录的完整性，并及时做好个案的整理、分析和积累工作。

（8）要对自己所咨询的问题较严重的来访者进行跟踪，可通过打电话或者其他方式进行跟踪、了解，及时掌握情况。

（9）应严格遵守保密原则，不得将咨询记录、咨询录音以及来访者的个人信息对外泄露，研究、写作、发表等引用的咨询资料须对咨询内容做保密处理。

附录四

心理咨询师从业道德规范

（1）热爱生活，钟爱生命，崇尚美好人生。

（2）胸襟宽阔，无私奉献。

（3）无条件地尊重、信任、理解和支持员工，与其建立朋友式的信赖关系。

（4）树立整体观念，防止片面性，保证咨询工作准确有效。

（5）严格遵守咨询保密制度，保护员工利益。

（6）注重发展性咨询，帮助员工发挥其潜能。

(7) 遵循持续性原则，巩固提高咨询成效。

(8) 强调预防重于治疗，帮助员工提高心理健康水平。

(9) 耐心倾听，诚心交流，真心关注。

(10) 促使员工自知自助，自立自强。

附录五

心理咨询师和来访者的责任、权利和义务

1. 心理咨询师的责任

(1) 遵守心理咨询职业道德，遵守国家有关的法律法规。

(2) 帮助来访者解决心理问题。

(3) 严格遵守保密原则，并向来访者说明保密例外。

2. 心理咨询师的权利

(1) 有权利了解与来访者心理问题有关的个人资料。

(2) 有权利选择适合自己咨询风格的来访者。

(3) 本着对来访者负责的态度，有权利提出转介或中止咨询。

3. 心理咨询师的义务

(1) 向来访者介绍自己的受教育背景，出示执业资格等相关证件。

(2) 遵守煤矿安全心理咨询中心的相关规定。

(3) 遵守和执行商定好的咨询方案中各方面的内容。

(4) 尊重来访者，遵守预约时间，如有特殊情况，提前告知来访者。

4. 来访者的责任

(1) 向咨询师提供与心理问题有关的真实资料。

(2) 积极主动地与咨询师一起探索解决问题的方法。

(3) 完成双方商定的作业。

5. 来访者的权利

(1) 有权利了解咨询师的受教育背景和执业资格。

(2) 有权利了解咨询的具体方法、过程和原理。

(3) 有权利选择或更换合适的咨询师。

(4) 有权利提出转介或中止咨询。

（5）对咨询方案的内容有知情权、协商权和选择权。

6. 来访者的义务

（1）遵守心理咨询中心的相关规定。

（2）遵守和执行商定好的咨询方案中各方面的内容。

（3）尊重咨询师，遵守预约时间，如有特殊情况，提前告知咨询师。

附录六

来访者须知

1. 心理咨询预约方法、时间

（1）电话预约。

（2）网络预约。

（3）预约时间：星期一至星期五。

2. 注意事项

（1）请提前预约。

（2）每次咨询时间为 45 分钟至 1 小时，请遵守约定时间，准时来访。

（3）若迟到 15 分钟或以上，请重新预约。

（4）若因故无法前来咨询，请务必提前取消预约，以便将时间留给其他有需要的来访者。

（5）若所约咨询师时间有变，心理咨询中心工作人员会打电话通知来访者。

3. 咨询须知

（1）坦诚。向咨询师坦诚地表露自己，不必掩饰或伪装，应把自己内心真正的困惑或咨询过程中产生的问题、感受都及时地与咨询师沟通，以便更快更好地达到咨询效果。

（2）自愿。是否开始或终止接受心理咨询都由来访者本人决定，咨询师只能提出建议，无权强硬要求。相应地，来访者随意地终止咨询带来的不良影响也由来访者本人承担。咨询过程中，若对咨询方向或方法有异议，可与咨询师进行必要的讨论并修正。

（3）自主。心理咨询的理念是“助人自助”，所以咨询的主角不是咨询师而是来访者自己。咨询师不会为您做主，给您出主意、想办法，甚至做决定，不要以为咨询能一次性解决问题，只有您自己才是问题的真正解决者。

(4) 尊重。尊重咨询师，来访者必须提前预约咨询时间，并严格遵守。认真配合咨询师的工作，按时完成“作业”，把个人的感悟与改变有效地反馈给咨询师。

附录七

安全心理咨询中心值班制度

(1) 值班人员在规定值班时间内必须到岗，耐心接听员工的来电，并做好面谈预约登记和当日的值班记录。

(2) 当日值班人员有特殊情况需要请假，必须以电话或当面请假的方式，向煤矿安全心理咨询中心负责人提出请假申请，批准后方可请假。

(3) 值班时注意仪表，着装整齐大方，不得在值班期间出现吸烟、喝酒、打牌、玩游戏等有损服务形象的举动。

(4) 值班期间要保持咨询场所干净整洁，物品摆放有序，按时打扫卫生。

(5) 若在值班过程中出现自己无法解决的紧急事件，应及时与相关领导或部门联系。

(6) 如果在工作中泄密或者由于工作失误导致咨询中心财物损失，将酌情给予相应的处分，并担负损失财物的赔偿责任。

(7) 严格遵守保密原则，保密内容涉及心理咨询中心相关所有工作内容，未经负责人同意，值班人员严禁随意翻阅心理咨询中心存放的材料和文件。

(8) 值班人员在遵守值班制度的前提下，有使用心理咨询中心各种资源的权利。

附录八

安全心理咨询中心阅览室读者须知

（1）请爱护书刊资料，严禁在书刊上乱涂、乱画、撕页、折损等，阅读完毕后请将书刊放回原处。

（2）请注意保持室内安静，勿在阅览室内或附近大声喧哗。

（3）请自觉爱护室内一切设施和设备，禁止在墙壁、桌椅、书架、门窗等处涂、抹、刻画，损坏公共财物按规定赔偿。

（4）请保持室内干净整洁，禁止随地吐痰和乱扔果皮、纸屑等杂物。

（5）禁止在阅览室内吸烟。

附录九

安全心理咨询中心团队活动契约

（1）将每名成员所分享的内容保守秘密，不对外人提及。

（2）未经组员同意不得随意离开团体。

（3）开放自己，摒弃成见，全心投入。

（4）尊重其他成员，认真倾听和理解他们，不去批评或指责他们。

（5）与其他成员平均分享讨论的时间。

（6）认清、尊重自己的感受，但不强迫自己在不自在的情况下表达内心感受。

（7）愿意真诚地分享自己真实的感受，信任自己和他人。

附录十

安全心理咨询中心咨询预约登记表

<table>
<tr><td>姓名</td><td></td><td>性别</td><td></td><td>出生年月</td><td></td></tr>
<tr><td>区队</td><td></td><td>班组</td><td></td><td>学 历</td><td></td></tr>
<tr><td>籍贯</td><td></td><td>手机</td><td colspan="3"></td></tr>
<tr><td>预约时间</td><td colspan="5"></td></tr>
<tr><td>最困惑的问题</td><td colspan="5">1. 压力适应（ ）　　6. 自我提升（ ）
2. 子女教育（ ）　　7. 生涯规划（ ）
3. 恋爱问题（ ）　　8. 情绪困扰（ ）
4. 人际关系（ ）　　9. 经济问题（ ）
5. 同事问题（ ）　　10. 其 他（ ）</td></tr>
<tr><td>咨询方式</td><td colspan="5">面谈（ ）电话咨询（ ）网络咨询（ ）</td></tr>
<tr><td>咨询目标</td><td colspan="5"></td></tr>
<tr><td>咨询师回复</td><td colspan="5"></td></tr>
</table>

附录十一

安全心理咨询中心来访者登记表

日期：　　　　　　　　　　　　　　　编号：

<table>
<tr><td>姓名</td><td></td><td>性别</td><td></td><td>年龄</td><td></td></tr>
<tr><td>工作单位</td><td></td><td>文化程度</td><td></td><td>民族</td><td></td></tr>
<tr><td>职务</td><td></td><td>婚姻状况</td><td></td><td>籍贯</td><td></td></tr>
<tr><td>联系方式</td><td colspan="5"></td></tr>
<tr><td>紧急联系人及联系方式（必填）</td><td colspan="5"></td></tr>
<tr><td>选择咨询师</td><td colspan="5"></td></tr>
<tr><td>是否授权</td><td colspan="5">（是，否）授权心理咨询师将您的咨询记录用于学术活动，即因专业需要进行案例讨论，或采用案例进行教学、科研、写作等工作，在此过程中心理咨询师必须隐去您的单位、姓名、住址、电话等可以辨认出特定个人的个人化信息。

授权签字：</td></tr>
</table>

附录十二

安全心理咨询记录表

<table>
<tr><td>咨询
日期</td><td colspan="3">年 月 日</td><td>咨询
时间</td><td colspan="3"></td></tr>
<tr><td>职工
姓名</td><td></td><td>性别</td><td></td><td>年龄</td><td></td><td>单位</td><td></td></tr>
<tr><td>主
述</td><td colspan="7"></td></tr>
<tr><td>现
状
分
析</td><td colspan="7"></td></tr>
<tr><td>咨询
方案
与建
议</td><td colspan="7"></td></tr>
<tr><td>效果评估</td><td colspan="7"></td></tr>
</table>

咨询师签字：

附录十三

安全心理咨询中心档案资料使用申请登记表

申请部门			
申请人		联系电话	
申请事由			
使用时间			
归还时间			
安全心理咨询中心审批意见	领导签字（该单位公章） 年　月　日		

附录十四

安全心理咨询中心功能室使用申请登记表

<table>
<tr><td>申请部门</td><td colspan="3"></td></tr>
<tr><td>申请人</td><td></td><td>联系电话</td><td></td></tr>
<tr><td>申请事由</td><td colspan="3"></td></tr>
<tr><td>使用时间</td><td colspan="3"></td></tr>
<tr><td>使用承诺</td><td colspan="3">1. 保证遵守功能室相关制度。
2. 保证不破坏功能室环境，自觉保护多媒体设备、桌椅及其他教学设备。
3. 如违反上述保证而造成后果由申请者承担。

申请人签字：</td></tr>
<tr><td>归还时间</td><td colspan="3"></td></tr>
<tr><td>安全心理
咨询中心
审批意见</td><td colspan="3">领导签字（该单位公章）
年　月　日</td></tr>
</table>

附录十五

安全心理咨询中心参观接待记录表

编号：

<table>
<tr><td colspan="4">参观预登记</td></tr>
<tr><td>联系人</td><td></td><td>联系方式</td><td></td></tr>
<tr><td colspan="4">时间</td></tr>
<tr><td>日期</td><td colspan="3"></td></tr>
<tr><td>参观时间</td><td></td><td>离开时间</td><td></td></tr>
<tr><td colspan="4">参观接待</td></tr>
<tr><td>主管领导</td><td></td><td>人数</td><td></td></tr>
<tr><td>单位</td><td colspan="3"></td></tr>
<tr><td colspan="4">意见反馈</td></tr>
<tr><td colspan="4"></td></tr>
</table>

附录十六

SCL-90 症状自评量表

SCL-90 症状自评量表因包含 90 个项目而得名。该量表在国外应用甚广，1973 年由德罗盖提斯（L. R. Derogatis）编制而成，20 世纪 80 年代引入我国。我国一些心理学工作者在国外量表基础上进行了本土化的改编。它适合具有中等以上文化程度的心理健康受测者，可用于团体的心理健康普查工作。由于简便实用，因此该量表被广泛地应用于心理健康测量和心理咨询中。

该量表共有 90 个询问题目，包含较广泛的精神症状学内容，涉及感觉、思维、意识、情绪行为及生活习惯、人际关系、饮食睡眠等多个方面。这 90 个询问题目中隐含着 10 个因子，因子的项目数及其功能如下：

（1）躯体化：包括题目 1，4，12，27，40，42，48，49，52，53，56，58，共 12 题。该因子主要反映主观的身体不适感，包括心血管、胃肠道、呼吸等系统的主诉不适和头痛、背痛、肌肉酸痛，以及焦虑的其他躯体表现。

（2）强迫：包括题目 3，9，10，28，38，45，46，51，55，65，共 10 题。它与临床上所谓强迫表现的症状定义基本相同，主要指那种明知没有必要但又无法摆脱的无意义的思想、冲动、行为等表现。还有一些比较一般的感知障碍（如“脑子都变空了”“记忆力不行”等）也在这一因子中反映。

（3）人际关系敏感：包括题目 6，21，34，36，37，41，61，69，73，共 9 题。它主要指某些人的不自在感与自卑感，尤其是在与其他人相比较时更突出。自卑感、懊丧以及在人际关系方面明显处不好的人，往往是这一因子的高分对象，与人际交流有关的自我敏感及反向也是产生这方面症状的原因。

（4）抑郁：包括题目 5，14，15，20，22，26，29，30，31，32，54，71，79，共 13 题。它反映的是与临床上忧郁症状相联系的广泛的概念，忧郁苦闷的感情和心境是代表性症状。它还以对生活的兴趣减退、缺乏活动愿望、丧失活动力等为特征，并包括失望、悲观和与忧郁相联系的其他感知及躯体方面的问题。该因子中有几个项目包括死亡、自杀等概念。

（5）焦虑：包括题目 2，17，23，33，39，57，72，78，80，86，共 10 题。它包括一些通常的与临床上明显与焦虑症状相联系的症状及体验，一般指那些无法静息、神经过敏、紧张以及由此产生的躯体征像（如震颤）。那种游离不定的焦虑及惊恐发作是本因子的主要内容，它还包括一个反映“解体”的项目。

（6）敌意：包括题目 11，24，63，67，74，81，共 6 题。这里主要以 3 个方面来反映病人的敌对表现、思想、感情及行为。其项目包括从厌烦、争论、摔物，直至争斗和不可抑制的冲动爆发等各个方面。

（7）恐怖：包括题目 13，25，47，50，70，75，82，共 7 题。它与传统的恐怖状态或广场恐怖症所反映的内容基本一致，恐惧的内容包括出门旅行、空旷场地、人群或公共场合及交通工具。此外，还有反映社交恐怖的项目。

（8）妄想：包括题目 8，18，43，68，76，83，共 6 题。所谓妄想是一个十分复杂的概念，本因子只是包括了它的一些基本内容，主要是指想象、思维方面，如投射性思维、敌对、猜疑、虚构、被动体验和夸大等。

（9）精神病性：包括项目 7，16，35，62，77，84，85，87，88，90，共 10 题。用于在门诊中迅速、扼要地了解病人的病情程度，以便做出进一步的治疗或住院等决定，故把一些明显的、纯属精神病性的项目汇集到了本因子中。有 4 个项目代表了一级症状：幻听、思维扩散、被控制感、思维被插入。此外，还有反映非一级症状的精神病表现，如精神分裂症状等项目。

（10）其他：包括反映睡眠的题目 44，64，66，共 3 题；反映饮食的 19 和 60 两题；反映死亡观念的 59 题和反映自罪观念的 89 题。总共 7 项。此因子的 59 和 89 两题及第 4 因子的 15 题三项，综合起来可反映自杀倾向。

在评分规则方面，SCL-90 症状自评量表采用 5 级评分制，现有两种记分法：一种是 1~5 分评分制，其中，1 分表示没有该情况；2 分表示在频度和强度上较轻；3 分表示中等；4 分表示较重；5 分为严重。另一种是

0~4 分评分制，0 分表示无，1 分表示较轻，以此类推。这里的轻、中、重主要靠自评者自己去体会，没有绝对的界限。

SCL-90 症状自评量表评定的时间范围是“现在”或“最近一星期”。

SCL-90 症状自评量表通常采用纸笔方式进行。

SCL-90 症状自评量表的内容

指导语：以下列出了有些人可能会有的问题，请先仔细地阅读每一题，然后根据最近一星期内下述情况影响您的实际感觉，把这种感觉按照下面的程度进行选择：

1—没有　2—很轻　3—中等　4—偏重　5—严重

题　目	选　项
(1) 头痛。	[1] [2] [3] [4] [5]
(2) 神经过敏，心中不踏实。	[1] [2] [3] [4] [5]
(3) 头脑中有不必要的想法或字句盘旋。	[1] [2] [3] [4] [5]
(4) 头昏或昏倒。	[1] [2] [3] [4] [5]
(5) 对异性的兴趣减退。	[1] [2] [3] [4] [5]
(6) 对旁人责备求全。	[1] [2] [3] [4] [5]
(7) 感到别人能控制自己的思想。	[1] [2] [3] [4] [5]
(8) 责怪别人制造麻烦。	[1] [2] [3] [4] [5]
(9) 忘记性大。	[1] [2] [3] [4] [5]
(10) 担心自己的衣饰整齐及仪态的端庄。	[1] [2] [3] [4] [5]
(11) 容易烦恼和激动。	[1] [2] [3] [4] [5]
(12) 胸痛。	[1] [2] [3] [4] [5]
(13) 害怕空旷的场所或街道。	[1] [2] [3] [4] [5]
(14) 感到自己的精力下降，活动减慢。	[1] [2] [3] [4] [5]
(15) 想结束自己的生命。	[1] [2] [3] [4] [5]
(16) 听到旁人听不到的声音。	[1] [2] [3] [4] [5]
(17) 发抖。	[1] [2] [3] [4] [5]
(18) 感到大多数人都不可信。	[1] [2] [3] [4] [5]
(19) 胃口不好。	[1] [2] [3] [4] [5]
(20) 容易哭泣。	[1] [2] [3] [4] [5]
(21) 同异性相处时感到害羞、不自在。	[1] [2] [3] [4] [5]

（22）感到受骗、中了圈套或有人想抓住自己。
[1] [2] [3] [4] [5]
（23）无缘无故地突然感到害怕。 [1] [2] [3] [4] [5]
（24）自己不能控制地大发脾气。 [1] [2] [3] [4] [5]
（25）怕单独出门。 [1] [2] [3] [4] [5]
（26）经常责怪自己。 [1] [2] [3] [4] [5]
（27）腰痛。 [1] [2] [3] [4] [5]
（28）感到难以完成任务。 [1] [2] [3] [4] [5]
（29）感到孤独。 [1] [2] [3] [4] [5]
（30）感到苦闷。 [1] [2] [3] [4] [5]
（31）过分担心。 [1] [2] [3] [4] [5]
（32）对事物不感兴趣。 [1] [2] [3] [4] [5]
（33）感到害怕。 [1] [2] [3] [4] [5]
（34）感情容易受到伤害。 [1] [2] [3] [4] [5]
（35）别人能知道您的私下想法。 [1] [2] [3] [4] [5]
（36）感到别人不理解自己、不同情自己。 [1] [2] [3] [4] [5]
（37）感到人们对自己不友好，不喜欢自己。 [1] [2] [3] [4] [5]
（38）做事必须做得很慢以保证做得正确。 [1] [2] [3] [4] [5]
（39）心跳得很厉害。 [1] [2] [3] [4] [5]
（40）恶心或胃部不舒服。 [1] [2] [3] [4] [5]
（41）感到比不上别人。 [1] [2] [3] [4] [5]
（42）肌肉酸痛。 [1] [2] [3] [4] [5]
（43）感到有人在监视您、谈论您。 [1] [2] [3] [4] [5]
（44）难以入睡。 [1] [2] [3] [4] [5]
（45）做事必须反复检查。 [1] [2] [3] [4] [5]
（46）难以做出决定。 [1] [2] [3] [4] [5]
（47）怕乘电车、公共汽车、地铁或火车。 [1] [2] [3] [4] [5]
（48）呼吸有困难。 [1] [2] [3] [4] [5]
（49）一阵阵发冷或发热。 [1] [2] [3] [4] [5]
（50）因为感到害怕而避开某些东西、场合或活动。
[1] [2] [3] [4] [5]

(51) 脑子变空了。 [1] [2] [3] [4] [5]
(52) 身体发麻或刺痛。 [1] [2] [3] [4] [5]
(53) 喉咙有梗塞感。 [1] [2] [3] [4] [5]
(54) 感到前途没有希望。 [1] [2] [3] [4] [5]
(55) 不能集中注意力。 [1] [2] [3] [4] [5]
(56) 感到身体的某一部分软弱无力。 [1] [2] [3] [4] [5]
(57) 感到紧张或容易紧张。 [1] [2] [3] [4] [5]
(58) 感到手或脚发重。 [1] [2] [3] [4] [5]
(59) 想到死亡的事。 [1] [2] [3] [4] [5]
(60) 吃得太多。 [1] [2] [3] [4] [5]
(61) 当别人看着自己或谈论自己时，自己感到不自在。
[1] [2] [3] [4] [5]
(62) 有一些不属于自己的想法。 [1] [2] [3] [4] [5]
(63) 有想打人或伤害他人的想法。 [1] [2] [3] [4] [5]
(64) 醒得太早。 [1] [2] [3] [4] [5]
(65) 必须反复洗手、点数目或触摸某些东西。
[1] [2] [3] [4] [5]
(66) 睡得不稳不深。 [1] [2] [3] [4] [5]
(67) 有想摔坏或破坏东西的冲动。 [1] [2] [3] [4] [5]
(68) 有一些别人没有的想法或念头。 [1] [2] [3] [4] [5]
(69) 感到对别人神经过敏。 [1] [2] [3] [4] [5]
(70) 在商店或电影院等人多的地方感到不自在。
[1] [2] [3] [4] [5]
(71) 感到任何事情都很困难。 [1] [2] [3] [4] [5]
(72) 一阵阵恐惧或惊恐。 [1] [2] [3] [4] [5]
(73) 感到在公共场合吃东西很不舒服。 [1] [2] [3] [4] [5]
(74) 经常与人争论。 [1] [2] [3] [4] [5]
(75) 单独一个人时神经很紧张。 [1] [2] [3] [4] [5]
(76) 别人对自己的成绩没有做出恰当的评价。
[1] [2] [3] [4] [5]
(77) 即使和别人在一起也感到孤单。 [1] [2] [3] [4] [5]

（78）感到坐立不安、心神不定。 [1] [2] [3] [4] [5]
（79）感到自己没有什么价值。 [1] [2] [3] [4] [5]
（80）感到熟悉的东西变得陌生或不像真的。 [1] [2] [3] [4] [5]
（81）大叫或摔东西。 [1] [2] [3] [4] [5]
（82）害怕会在公共场合昏倒。 [1] [2] [3] [4] [5]
（83）感到别人想占自己的便宜。 [1] [2] [3] [4] [5]
（84）为一些有关性的想法而很苦恼。 [1] [2] [3] [4] [5]
（85）认为应该因为自己的过错而受到惩罚。 [1] [2] [3] [4] [5]
（86）感到要很快把事情做完。 [1] [2] [3] [4] [5]
（87）感到自己的身体有严重问题。 [1] [2] [3] [4] [5]
（88）从未感到和其他人很亲近。 [1] [2] [3] [4] [5]
（89）感到自己有罪。 [1] [2] [3] [4] [5]
（90）感到自己的脑子有病。 [1] [2] [3] [4] [5]

记分规则：

选1记1分，选2记2分，选3记3分，选4记4分，选5记5分。将因子F1（躯体化）、F2（强迫）、F3（人际关系敏感）、F4（抑郁）、F5（焦虑）、F6（敌意）、F7（恐怖）、F8（妄想）、F9（精神病性）、F10（其他）各自所包含的项目得分分别累计相加，即可得到各个因子的累计得分；将各因子的累计得分除以其相应的项目数，即得到各个因子的因子分数——T分数。见表附16-1。例如，若躯体化因子中各项目合计得分为8分，题目数为8，则因子分为1。如果将各个因子分数相加，即可得到总因子分数。此外，若将整个问卷的总项目数减去选1的答案项，还可得到反映症状广度的阳性项目数。

表附16-1　SCL-90症状自评量表测验答卷得分换算表

因子	所属因子的项目编号	累计得分（S）	T分数（S/项目数）
F1	1，4，12，27，40，42，48，49，52，53，56，58		
F2	3，9，10，28，38，45，46，51，55，65		
F3	6，21，34，36，37，41，61，69，73		
F4	5，14，15，20，22，26，29，30，31，32，54，71，79		

表附16-1(续)

因子	所属因子的项目编号	累计得分(S)	T分数(S/项目数)
F5	2，17，23，33，39，57，72，78，80，86		
F6	11，24，63，67，74，81		
F7	13，25，47，50，70，75，82		
F8	8，18，43，68，76，83		
F9	7，16，35，62，77，84，85，87，88，90		
F10	19，44，59，60，64，66，89		
阳性项目总数（90-选 A 的项目数）	总累计得分：		总因子分数：

结果解释：

SCL-90 症状自评量表测评结果的解释可以从许多角度进行。既可从整个量表（90 个题目）中的阳性症状广度和总因子分数出发来宏观评定被试心理障碍的大体情况，又可从统计原理出发，对被试的某一因子得分偏离常模团体均数的程度加以评价。

SCL-90 症状自评量表在我国已有 18~29 岁的全国性常模，见表附 16-2。该常模给出了各种因子的平均数 X 和标准差 SD。一般而言，如果某因子分数偏离常模团体平均数达到两个标准差时，即可认为异常。在对煤矿员工进行心理健康测评和心理咨询过程中，比较粗略、简便、直观的判断方法是看因子分数是否超过 3 分（1~5 分评分制），若超过 3 分，即表明该因子的症状已达中等以上的严重程度。在 0~4 分评分制中，若超过 2 分，即表明该因子的症状达中等以上的严重程度。此时，应对受测员工采取必要的心理干预措施。

表附 16-2　正常人 SCL-90 症状自评量表的因子分布

项目	X+SD	项目	X+SD
躯体化	1. 34+0. 45	敌意	1. 50+0. 57
强迫	1. 69+0. 61	恐怖	1. 33+0. 47
人际关系	1. 76+0. 67	妄想症	1. 52+0. 60
抑郁	1. 57+0. 61	精神病性	1. 36+0. 47
焦虑	1. 42+0. 43	阳性项目数	27. 45±19. 22

附录十七

2018年常村煤矿员工心理测评报告

心理测评是MEAP的重要组成部分，是企业对员工心理健康进行把脉的有效手段，是帮助企业了解员工特点、有针对性地开展员工帮助的基础。为及时准确地了解和掌握员工的心理健康状况，做好本年度煤矿安全管理工作提供科学依据，安全心理咨询中心于2018年3月组织本矿全体员工开展了心理健康测评，现将测评结果报告如下。

1. 心理测评的程序

（1）被试。

本次心理测评回收问卷3873份，剔除无效问卷，有效问卷为3816份，占被试总数的98.53%，其他基本统计见表附17-1。

表附17-1　被试基本情况统计表

题目	选项	人数	百分比
来源地	城市	1185	31.05
	农村	2631	68.95
年龄段/岁	<30	1218	31.92
	30~40	1662	43.55
	41~50	785	20.57
	>50	151	3.96
文化程度	初中及以下	648	16.98
	高中	1677	43.95
	专科	1176	30.82
	本科及以上	315	8.25
婚姻状况	未婚	870	22.80
	已婚	2856	74.84
	离异或丧偶	90	2.36

表附17-1(续)

题目	选项	人数	百分比
与配偶关系	良好	3075	80. 58
	一般	678	17. 77
	差	63	1. 65
工作年限/年	<3	738	19. 34
	3~10	1590	41. 67
	11~20	840	22. 01
	>20	648	16. 98
工作性质	安全生产	2139	56. 05
	辅助生产	1551	40. 65
	服务生产和机关	126	3. 30
是否经历过事故	是	1473	38. 60
	否	2343	61. 40
轻生观念	有	58	1. 52
	无	3758	98. 48
幸福感	幸福	2403	62. 97
	一般	1287	33. 73
	不幸福	126	3. 30

（2）测评量表。

本次心理测评使用的测评量表是 SCL-90 症状自评量表。心理测评采用填涂答题卡形式，通过光标阅读机和心理测评软件阅读答题卡和处理数据。答题分数采用 1~5 分评分制。得分解释：第一，总分超过 160 分的，提示阳性症状；第二，阳性项目数超过 43 的（43 项 2 分以上），提示有问题；第三，因子分不低于 2 分的，需要引起关注。

（3）主试。

测评主试（即施测人员）由常村煤矿安全心理咨询中心具有国家二级心理咨询师资格的专职心理咨询员担任。

（4）组织。

员工心理测评由常村煤矿安全心理咨询中心统一组织。在测评和访谈过程中得到了各科、队领导的支持和帮助。

2. 测评结果及解释

（1）被试群体心理健康水平分析。

① 被试群体自我感觉不佳程度在中度以上的情况。

表附17-2说明被试群体在SCL-90症状自评量表所包含的十个因子中，任意一个因子上的得分高于分界值的分布情况及其所对应的人数和百分比。由表附17-2可以看出，所有自我感觉不佳程度在中度以上者163人，占有效被试的4.27%。

表附17-2　筛查结果汇总表

SCL-90 任一因子分	≥2	≥2.5	≥3	≥3.5	≥4	≥4.5
样本数	718个	323个	163个	72个	24个	7个
百分比	18.82%	8.46%	4.27%	1.89%	0.63%	0.18%

② 被试群体各因子均值情况（见表附17-3）。

表附17-3　常村煤矿员工SCL-90症状自评量表统计

因子名称	均值	标准差
年龄	34.35	8.10
总分	141.72	42.37
躯体化	1.61	0.59
强迫症状	1.80	0.61
人际关系敏感	1.65	0.56
抑郁	1.61	0.56
焦虑	1.48	0.52
敌对	1.59	0.59
恐怖	1.34	0.47
妄想	1.51	0.54
精神病性	1.45	0.48
附加项	1.62	0.57

表附17-3说明被试群体各因子均值均不高于2，表明被试群体的整体状况良好。

3. 不同类型员工在 SCL-90 症状自评量表上的差异比较

（1）不同工作性质的员工在 SCL-90 症状自评量表中的差异（见表附 17-4）。

表附 17-4 安全生产和辅助生产员工的差异性检验

因子名称	均值	标准差	均值	标准差	t 值	P 值	F 值	P 值
	样本（一）		样本（二）					
年龄	33.08	7.94	36.35	8.05	6.91	<0.001	1.03	>0.05
总分	142.49	45.14	139.01	38.96	1.41	>0.05	1.34	<0.01
躯体化	1.66	0.63	1.55	0.54	3.06	<0.01	1.35	<0.01
强迫症状	1.80	0.64	1.76	0.56	1.00	>0.05	1.31	<0.01
人际关系敏感	1.65	0.59	1.62	0.52	0.85	>0.05	1.27	<0.01
抑郁	1.61	0.57	1.58	0.53	0.70	>0.05	1.16	<0.01
焦虑	1.49	0.54	1.44	0.47	1.58	>0.05	1.33	<0.01
敌对	1.58	0.60	1.57	0.58	0.45	>0.05	1.07	>0.05
恐怖	1.35	0.52	1.32	0.42	1.05	>0.05	1.49	<0.01
妄想	1.51	0.55	1.50	0.51	0.41	>0.05	1.15	<0.01
精神病性	1.46	0.50	1.42	0.44	1.30	>0.05	1.31	<0.01
附加项	1.63	0.60	1.61	0.54	0.44	>0.05	1.20	<0.01

注：样本（一）：安全生产；样本（二）：辅助生产。

由表附 17-4 可以看出：安全生产的员工与辅助生产的员工在躯体化因子上差异非常显著（$P<0.01$），安全生产的员工表现出更多的躯体化方面的问题。

（2）不同年龄员工在 SCL-90 症状自评量表中的差异。

按照量表的划分方式，我们将被试划分为四个年龄阶段，分别为：30 岁以下，30～40 岁，41～50 岁，50 岁以上，对不同年龄段的人群进行分析，得出 35 岁以下的员工和年龄不小于 35 岁的员工存在的差异（见表附 17-5）。

表附 17-5 35 岁以下的员工与年龄不小于 35 岁的员工差异比较

因子名称	均值	标准差	均值	标准差	t 值	P 值	F 值	P 值
	样本（一）		样本（二）					
年龄	28.27	3.51	41.93	5.32	53.20	<0.001	2.30	<0.01
总分	140.00	41.21	143.92	44.17	1.63	>0.05	1.15	<0.01
躯体化	1.54	0.54	1.69	0.63	4.36	<0.001	1.35	<0.01
强迫症状	1.77	0.59	1.82	0.63	1.50	>0.05	1.15	<0.01
人际关系敏感	1.65	0.56	1.64	0.56	0.15	>0.05	1.01	>0.05
抑郁	1.58	0.54	1.64	0.58	1.97	<0.05	1.16	<0.01
焦虑	1.46	0.50	1.50	0.54	1.40	>0.05	1.14	<0.01
敌对	1.59	0.58	1.59	0.61	0.02	>0.05	1.09	>0.05
恐怖	1.33	0.45	1.36	0.50	1.15	>0.05	1.23	<0.01
妄想	1.55	0.54	1.48	0.53	2.38	<0.05	1.06	>0.05
精神病性	1.45	0.47	1.46	0.49	0.51	>0.05	1.08	>0.05
附加项	1.59	0.55	1.67	0.60	2.48	<0.05	1.19	<0.01

注：样本（一）：年龄在 35 岁以下；样本（二）：年龄不小于 35 岁。

由表 17-5 可以看出：35 岁以下的员工和年龄不小于 35 岁的员工相比，在躯体化、抑郁、妄想、附加项方面差异显著（$P<0.05$），其中躯体化差异极其显著（$P<0.001$），年龄不小于 35 岁的员工有着更多的躯体化问题，有更多的抑郁情绪和睡眠、饮食问题，而年龄在 35 岁以下的员工则更为妄想。

（3）是否有轻生观念的员工在 SCL-90 症状自评量表中的差异。

将被试员工分为有轻生观念和无轻生观念两种，并对这两类人群在 SCL-90 症状自评量表中的差异进行考察，结果见表附 17-6：

表附 17-6 是否有轻生观念的员工在 SCL-90 症状自评量表上的差异

因子名称	均值	标准差	均值	标准差	t 值	P 值	F 值	P 值
	样本（一）		样本（二）					
年龄	35.04	7.82	34.58	8.16	0.58	>0.05	1.08	>0.05
总分	200.05	56.35	136.36	36.67	11.52	<0.001	2.38	<0.01
躯体化	2.14	0.76	1.56	0.55	7.84	<0.001	1.92	<0.01
强迫症状	2.42	0.76	1.74	0.56	9.08	<0.001	1.85	<0.01

表附 17-6（续）

因子名称	均值	标准差	均值	标准差	t 值	P 值	F 值	P 值
	样本（一）		样本（二）					
人际关系敏感	2. 29	0. 74	1. 59	0. 50	9. 72	<0. 001	2. 16	<0. 01
抑郁	2. 46	0. 75	1. 53	0. 46	12. 61	<0. 001	2. 62	<0. 01
焦虑	2. 17	0. 70	1. 42	0. 45	10. 84	<0. 001	2. 51	<0. 01
敌对	2. 30	0. 82	1. 52	0. 52	9. 60	<0. 001	2. 52	<0. 01
恐怖	1. 92	0. 73	1. 29	0. 40	8. 89	<0. 001	3. 29	<0. 01
妄想	2. 15	0. 71	1. 46	0. 48	9. 90	<0. 001	2. 25	<0. 01
精神病性	2. 05	0. 67	1. 40	0. 42	9. 93	<0. 001	2. 63	<0. 01
附加项	2. 20	0. 75	1. 58	0. 52	8. 50	<0. 001	2. 05	<0. 01

注：样本（一）名称：有轻生观念；样本（二）名称：无轻生观念。

由表附 17-6 可以看出：有轻生观念的员工各因子均值均高于没有轻生观念的员工，在各个因子上的差异均极其显著（$P<0.001$），因而，有轻生观念的员工比没有轻生观念的员工有更多的心理健康问题。

（4）工作年限低于 3 年的员工与全体员工在 SCL-90 症状自评量表中的差异。

按照量表的划分方式，我们将被试划分为 4 个工作年限，对工作年限低于 3 年的员工进行分析，得出工作年限低于 3 年的员工与全体员工存在差异（见表附 17-7）。

表附 17-7　工作年限低于 3 年的员工和全体员工相比

因子名称	均值	标准差	均值	标准差	t 值	P 值	F 值	P 值
	样本（一）		样本（二）					
年龄	26. 88	5. 15	34. 35	8. 00	19. 52	<0. 001	2. 40	<0. 01
总分	142. 34	41. 02	141. 72	42. 37	0. 22	>0. 05	1. 06	>0. 05
躯体化	1. 53	0. 50	1. 60	0. 58	1. 89	>0. 05	1. 34	<0. 01
强迫症状	1. 80	0. 59	1. 80	0. 61	0. 13	>0. 05	1. 06	>0. 05
人际关系敏感	1. 71	0. 59	1. 65	0. 56	1. 64	>0. 05	1. 10	>0. 05
抑郁	1. 63	0. 57	1. 61	0. 56	0. 51	>0. 05	1. 03	>0. 05
焦虑	1. 49	0. 50	1. 48	0. 51	0. 36	>0. 05	1. 04	>0. 05
敌对	1. 57	0. 59	1. 59	0. 59	0. 46	>0. 05	1. 01	>0. 05

表附 17-7（续）

因子名称	均值	标准差	均值	标准差	t 值	P 值	F 值	P 值
	样本（一）		样本（二）					
恐怖	1. 36	0. 45	1. 34	0. 48	0. 68	>0. 05	1. 13	>0. 05
妄想	1. 57	0. 55	1. 51	0. 54	1. 52	>0. 05	1. 06	>0. 05
精神病性	1. 46	0. 46	1. 45	0. 48	0. 23	>0. 05	1. 06	>0. 05
附加项	1. 63	0. 53	1. 62	0. 57	0. 22	>0. 05	1. 15	<0. 05

注：样本（一）名称：工作年限低于3年的员工；样本（二）名称：全体员工。

由表附17-7可以看出：工作年限低于3年的员工与全体员工相比，在量表的各个因子上差异均不显著，说明这两类群体的心理健康水平大体相当。

（5）是否经历事故对心理健康的影响（见表附17-8）。

表附 17-8　是否经历事故对心理健康的影响

因子名称	均值	标准差	均值	标准差	t 值	P 值	F 值	P 值
	样本（一）		样本（二）					
年龄	36. 46	8. 05	32. 52	7. 46	9. 42	<0. 001	1. 17	<0. 01
总分	144. 98	44. 32	139. 10	40. 50	2. 57	<0. 05	1. 20	<0. 01
躯体化	1. 66	0. 62	1. 55	0. 54	3. 58	<0. 001	1. 34	<0. 01
强迫症状	1. 84	0. 63	1. 78	0. 58	1. 92	>0. 05	1. 19	<0. 01
人际关系敏感	1. 69	0. 58	1. 62	0. 55	2. 09	<0. 05	1. 13	<0. 05
抑郁	1. 65	0. 57	1. 58	0. 54	2. 30	<0. 05	1. 10	<0. 05
焦虑	1. 50	0. 52	1. 46	0. 50	1. 38	>0. 05	1. 09	>0. 05
敌对	1. 62	0. 61	1. 57	0. 58	1. 75	>0. 05	1. 10	<0. 05
恐怖	1. 36	0. 49	1. 33	0. 47	1. 30	>0. 05	1. 10	<0. 05
妄想	1. 55	0. 55	1. 49	0. 52	2. 09	<0. 05	1. 10	<0. 05
精神病性	1. 49	0. 50	1. 42	0. 45	2. 74	<0. 01	1. 25	<0. 01
附加项	1. 65	0. 59	1. 60	0. 55	1. 81	>0. 05	1. 14	<0. 01

注：样本（一）名称：经历过事故的员工；样本（二）名称：未经历过事故的员工。

由表附17-8可以看出：经历过事故的员工与未经历过事故的员工相比，在躯体化方面差异极其显著（$P<0.001$），在精神病性方面差异非常显著（$P<0.01$），在人际关系、抑郁和妄想方面差异显著（$P<0.05$），这说

明经历过事故的员工比未经历过事故的员工有着更多的躯体化问题，精神状况更不稳定，存在更多的人际关系问题和抑郁情绪。

此外，我们还发现，家庭幸福感强的员工比幸福感差的员工、已婚员工比离异的员工的心理健康水平更好；员工是来自城市还是农村，对测评结果影响不大。

后　记

2011年，时任常村煤矿矿长唐军华组织撰写的《思想变为行动——安全心理学在煤矿企业管理中的应用》一书出版，标志着常村煤矿在安全管理中正式引入安全心理学理论。2013年，常村煤矿安全心理咨询中心的设立，助推了安全心理学应用于煤矿企业安全管理的步伐，历经八年探索和实践，形成了规范化、体系化的MEAP服务项目，获得了国家相关部门和省市的高度认可，吸引了山西省内及国内众多企业前来学习、考察和交流，使我们备受鞭策和鼓舞。

为了总结多年来应用安全心理学于煤矿企业安全管理的经验，汇总实施MEAP的众多成果，深入贯彻落实习近平总书记在党的十九大报告中提出的“加强社会心理服务体系建设，培育自尊自信、理性平和、积极向上的社会心态”和国家煤矿安全监察局（现更名为国家矿山安全监察局）在《关于落实煤矿企业安全生产主体责任的指导意见》（煤安监行管〔2020〕30号）中提出的“持续提升从业人员素质，从根本上消除事故隐患的责任链条”的具体要求，持续提升本质安全型矿井建设，我矿组织编写和出版了《思想变为行动Ⅱ——MEAP在煤矿安全管理中的运用与实践》一书。

从2015年起，常村煤矿安全心理咨询中心就开始进行经典案例和资料的收集工作，同时不断邀请相关专家和领导进行专业性指导。最终经过五年多的资料收集与整理后粗具雏形。本书共分七章，约26万字，由本书编委会负责设计总体框架，安全心理咨询中心马晋红、尚丽芳、程瑞芳、姜婷婷等同志负责具体编写，全书由杨钰同志负责统稿和修订。在本书编写过程中，我们学到了很多没有写在书本上的知识，体会最深的一点就是MEAP在煤矿安全管理中的应用，是一项十分复杂和庞大的系统工程，不仅需要硬件条件，而且在软环境建设上的要求也非常高。

各级领导高度重视，各部门通力合作，全矿员工积极支持和配合，是确保 MEAP 取得实效性的关键。

本书是集体智慧的结晶。从 2013 年至今，无论是最初把安全心理学引入煤矿安全管理中来，还是 MEAP 项目的实施，或是心理咨询中心的建设、运行和成果总结，都离不开相关部门、相关领导、相关人员的参与和支持，特别是中华全国总工会、山西省总工会以及中国煤炭工业协会的大力支持。山西潞安矿业（集团）有限责任公司在资金上鼎力支持心理咨询中心建设，并多次主持召开现场会，推介成功经验。山西省煤监局原局长、华北科技学院党委书记卜昌森教授在百忙之中特意为本书作序。常村煤矿党政领导高度重视 MEAP 项目的实施和推广，从政策保障、资金投入进行了倾斜。特别是在本书付梓之前，辽宁工程技术大学叶玉清教授、肖文学教授对本书的总体架构、主要观点、资料引用、文法修辞做了大量专业指导与修订。值此该书出版之际，我们向所有关心并支持 MEAP 项目理论研究和实践推广的各部门、各级领导及全矿员工致以衷心的感谢。向书中所借鉴的研究成果及提供资料的作者们，表示衷心感谢。

本书既是学术著作，又是经验、成果的总结推广，其理论价值和应用价值不言而喻。同时，MEAP 在煤矿安全管理中的应用是新生事物，需要不断在探索中前行。尤其是关于 MEAP 选择何种宣传载体，应用何种宣传方式扩大影响力和覆盖面，如何与煤炭企业管理、生产、经营过程结合的更加紧密，如何提升全员综合素养将是今后工作的主要方向，也是我们需要倍加关注的。因此，对于书中不成熟和欠妥之处，恳请专家、学者、同行多提宝贵意见。

乘风破浪正当时，无需扬鞭自奋蹄。我们坚信，伴随着“十四五”的到来，经过我们的共同努力和探索，MEAP 项目将会继续在安全管理工作以及全矿工作中彰显它的魅力，发挥它的魔力。

《思想变为行动》编委会

2020 年 10 月